피타고라스가 들려주는 피타고라스의 정리 이야기

수학자가 들려주는 수학 이야기 03

피타고라스가 들려주는 피타고라스의 정리 이야기

ⓒ 백석윤, 2007

초판 1쇄 발행일 | 2007년 12월 20일
초판 33쇄 발행일 | 2024년 7월 29일

지은이 | 백석윤
펴낸이 | 정은영
펴낸곳 | (주)자음과모음

출판등록 | 2001년 11월 28일 제2001-000259호
주소 | 10881 경기도 파주시 회동길 325-20
전화 | 편집부 (02)324-2347, 경영지원부 (02)325-6047
팩스 | 편집부 (02)324-2348, 경영지원부 (02)2648-1311
e-mail | jamoteen@jamobook.com

ISBN 978-89-544-1544-6 (04410)

03 수학자가 들려주는 수학 이야기

피타고라스가 들려주는 피타고라스의 정리 이야기

| 백 석 윤 지음 |

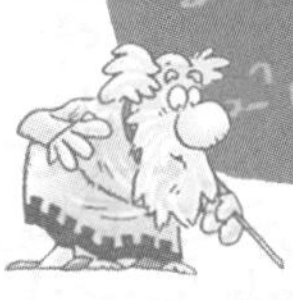

(주)자음과모음

수학자라는 거인의 어깨 위에서
보다 멀리, 보다 넓게 바라보는 수학의 세계!

수학 교과서는 대개 '결과'로서의 수학을 연역적으로 제시하는 경향이 강하기 때문에 학생들은 수학이 끊임없이 진화해 왔다는 생각을 하기 어렵습니다. 그렇지만 수학의 역사는 하나의 문제가 등장하고 그에 대해 많은 수학자들이 고심하고 이를 해결하는 가운데 새로운 아이디어가 출현해 온 역동적인 과정입니다.

〈수학자가 들려주는 수학 이야기〉는 수학 주제들의 발생 과정을 수학자들의 목소리를 통해 친근하게 이야기 형식으로 들려주기 때문에 학생들이 수학을 '과거완료형'이 아닌 '현재진행형'으로 인식하는 데 도움이 될 것입니다.

학생들이 수학을 어려워하는 요인 중의 하나는 '추상성'이 강한 수학적 사고의 특성과 '구체성'을 선호하는 학생의 사고의 특성 사이의 괴리입니다. 이런 괴리를 줄이기 위해서 수학의 추상성을 희석시키고 수학 개념과 원리의 설명에 구체성을 부여하는 것이 필요한데, 〈수학자가 들려주는 수학 이야기〉는 수학 교과서의 내용을 생동감 있게 재구성함으로써 추상적인 수학을 구체성을 갖는 수학으로 변모시키고 있습니다. 또한 중간중간에 곁들여진 수학자들의 에피소드는 자칫 무료해지기 쉬운 수학 공부에 있어 윤활유 역할을 할 수 있을 것입니다.

〈수학자가 들려주는 수학 이야기〉의 구성을 보면 우선 수학자의 업적을 개략적으로 소개하고, 6~9개의 강의를 통해 수학 내적 세계와 외적 세계, 교실 안과 밖을 넘나들며 수학 개념과 원리들을 소개한 후 마지막으로 강의에서 다룬 내용들을 정리합니다. 이런 책의 흐름을 따라 읽다 보면 각 시리즈가 다루고 있는 주제에 대한 전체적이고 통합적인 이해가 가능하도록 구성되어 있습니다.

〈수학자가 들려주는 수학 이야기〉는 학교 수학 교과 과정과 긴밀하게 맞물려 있으며, 전체 시리즈를 통해 학교 수학의 많은 내용들을 다룹니다. 예를 들어《라이프니츠가 들려주는 기수법 이야기》는 수가 만들어진 배경, 원시적인 기수법에서 위치적 기수법으로의 발전 과정, 0의 출현, 라이프니츠의 이진법에 이르기까지를 다루고 있는데, 이는 중학교 1학년의 기수법의 내용을 충실히 반영합니다. 따라서 〈수학자가 들려주는 수학 이야기〉를 학교 수학 공부와 병행하면서 읽는다면 교과서 내용의 소화 흡수를 도울 수 있는 효소 역할을 할 수 있을 것입니다.

뉴턴이 'On the shoulders of giants'라는 표현을 썼던 것처럼, 수학자라는 거인의 어깨 위에서는 보다 멀리, 넓게 바라볼 수 있습니다. 학생들이 〈수학자가 들려주는 수학 이야기〉를 읽으면서 각 수학자들의 어깨 위에서 보다 수월하게 수학의 세계를 내다보는 기회를 갖기 바랍니다.

홍익대학교 수학교육과 교수 |《수학 콘서트》저자 박 경 미

세상 진리를 수학으로 꿰뚫어 보는 맛
그 맛을 경험시켜 주는 '피타고라스의 정리' 이야기

지금부터 약 2500여 년 전에 피타고라스가 발견한 '피타고라스의 정리'는 그 후 수학자나 수학에 관심을 갖는 사람들에 의해 고안된 367가지나 되는 각양각색의 증명 방법을 갖고 있습니다. 그렇다면 이렇게 오랜 기간 동안 피타고라스의 정리가 수학자뿐만 아니라 일반인들에게도 많은 관심의 대상이 된 이유는 무엇일까요?

아마도 수학자에게는 물론 일반인에게도 손쉬운 접근과 명쾌한 이해를 허락하면서 삼각형이란 기본 도형이 갖는 불멸의 수학적 진리를 맛볼 수 있게 해 주기 때문이 아닐까 생각합니다. 즉 우리가 생각할 수 있는 무한히 많은 직각삼각형 모두가 어떤 하나의 성질을 만족시킨다는 수학적 진리의 놀라운 힘을 맛볼 수 있게 해 주는 것이지요. 뿐만 아니라 일단 그 수학의 힘을 맛보게 되면 과연 그런 성질이 '정말 참일까' 하는 의구심을 발동시키고, 그것쯤은 '나도 증명해 볼 수 있지 않을까' 하는 생각에 수학자이건 아니건 상관없이 너도나도 자신만의 방법으로 증명을 해 보고자 하는 의욕을 불러일으키기 때문일 것입니다.

피타고라스의 정리에 대한 이와 같은 역사적 관심은 세계의 수학 역사를 뒤바꾼 유명한 수학자들은 물론 레오나르도 다 빈치와 같은 거장까지도 끌어들여 레오나르도 다 빈치만의 증명 방법까지 탄생시켰습니다.

　여러분도 이 책을 통해 2500여 년간 지속되어 온 우리 인류의 지적 관심에 동참해 볼 수 있을 것입니다. 보너스로 수학적 진리가 갖는 그 영원 불멸의 힘도 경험해 보고, 나름대로의 증명 방법도 찾아보기 바랍니다.

□ □ □ 의 피타고라스의 정리 증명 방법

　이렇게 수학사와 인류 문화사에 여러분의 이름 석자를 남겨 보는 것은 어떨지요!

2007년 12월　백 석 윤

:: 차례

① 이 책은 달라요

《피타고라스가 들려주는 **피타고라스의 정리** 이야기》는 기원전 6세기경에 활동했던 고대 그리스의 유명한 수학자 피타고라스가 '피타고라스의 정리'를 발견하는 것으로부터 시작해서 현재 학교에서 배우는 피타고라스의 정리와 관련된 수학적 내용을 피타고라스 자신이 수학 교사가 되어 직접 학생들에게 들려주는 방식으로 전개됩니다. 피타고라스는 자신이 피타고라스의 정리를 발견하게 된 당시의 배경과 그 정리가 참임을 증명한 자신의 방식을 비롯하여, 현존하는 360여 가지의 서로 다른 증명 방법 중 대표적이면서도 유명한 사람들의 증명 방법을 다양하게 보여 주고, 피타고라스의 정리의 역과 확장에 대해서도 친절하고 쉽게 설명해 줍니다.

피타고라스의 정리가 중학교 수학에 나오는 만큼 이 피타고라스의 정리를 활용하여 다양한 수학적 개념을 습득하고 적용의 과정을 이해하게 되어 선행 학습 효과는 물론, 실제 학교에서 배우는 피타고라스의 정리와 관련된 수학 문제 해결에 흥미롭게 접근할 수 있는 힘을 길러 줍니다.

2 이런 점이 좋아요

1 초·중학교 학생들에게는 결코 만만치 않은 피타고라스의 정리 증명과 활용에 대하여 수학사적 에피소드를 적절히 곁들여 보다 쉽고 재미있게 접근할 수 있게 해 줍니다.

2 피타고라스의 정리를 통하여 수학적 진실이 갖는 절대성이나 수학적 증명 과정이 수학에서 하는 역할과 그 명쾌성 등을 알게 해 줌으로써 수학에 대한 올바른 생각을 가질 수 있게 합니다.

3 일반인들에게도 다시금 피타고라스의 정리가 지니고 있는 수학사적 의미를 되새기게 하며, 수학에서 정리의 발견과 증명 과정, 그 과정에 담겨 있는 수학적 의미를 간접적으로 경험하게 함으로써 수학의 핵심부에 접근해 볼 수 있는 기회를 줍니다.

교과 과정과의 연계

구분	단계	단원	연계되는 수학적 개념과 내용
초등학교	6-가	각기둥과 각뿔	각기둥과 각뿔의 성질
	6-나	여러 가지 입체도형	입체도형의 성질
중학교	7-나	다면체와 회전체	다면체와 회전체의 성질
	9-가	제곱근과 실수, 이차방정식	제곱근 구하기, 근호를 포함한 식의 계산
	9-나	피타고라스의 정리	피타고라스의 정리, 피타고라스의 정리 증명, 피타고라스의 정리 활용
고등학교	10-나	도형의 방정식, 삼각함수	두 점 사이의 거리 구하기, 삼각함수를 활용하여 삼각형의 넓이 구하기

 수업 소개

첫 번째 수업_피타고라스의 정리

피타고라스가 어떻게 해서 피타고라스의 정리를 발견하게 되었는지의 과정에 대하여 역사적 에피소드 형태로 다룹니다. 피타고라스의 정리에 대한 본격적인 강의로 들어가기 위한 준비와 학습 동기 유발을 위한 내용을 다룹니다.

• 선수 학습 : 고대 그리스의 문화사, 정사각형의 넓이 구하기

- 공부 방법 : 피타고라스의 정리가 발견되던 당시를 이야기 방식으로 다루기 때문에 주어진 이야기를 편하게 읽고 내용에 대한 이해를 하면 됩니다. 현재의 수학 내용이 인간적인 요소가 완전 배제된 상태에서 어느 날 갑자기 완벽한 형태로 등장했던 것이 아니라, 수학자의 인간적인 면과 밀접한 관계를 맺으며 인간적인 노력의 과정을 통하여 현재의 완벽한 상태로 발전이 되었다는 점을 이해할 필요가 있습니다.
- 관련 교과 단원 및 내용
- 초등학교 4학년의 '정사각형의 넓이 구하기' 와 연계시킬 수 있습니다.
- 초등학교 5학년의 '평면도형의 넓이' 와 관련된 읽기 자료로 활용 가능합니다.

두 번째 수업 _ 피타고라스의 피타고라스의 정리 증명 방법

피타고라스 자신이 발견한 피타고라스의 정리가 참임을 증명했던 방법을 소개합니다.

- 공부 방법 : 피타고라스가 자신의 증명 방법을 쉽게 설명해 주고 있기 때문에 지금부터 2500여 년 전에 이미 그런 증명을 하고 있었음에 대한 역사성을 느끼면서 읽어 나가면 됩니다.
- 관련 교과 단원 및 내용

– 중학교 3학년의 '피타고라스의 정리' 단원에서 일반적으로 다루는 증명 방법이면서 비교적 쉽고 간단한 증명으로 학교에서 배우는 수학 학습에 직접적인 도움이 됩니다.

세 번째 수업_유클리드의 피타고라스의 정리 증명 방법

기원전 3세기경 고대 그리스의 유명한 수학자 유클리드가 200여 년 전의 대선배인 피타고라스의 정리를 증명하는 방법입니다.

- 선수 학습 : 삼각형의 합동조건
- 공부 방법 : 유클리드의 증명 방법은 철저하게 연역적인 방법으로 진행되기 때문에 한 단계 한 단계 꼭꼭 짚어 가면서 이해할 필요가 있습니다. 이와 같은 방법은 전통적인 수학에서 요구해 왔던 방법

으로 유클리드 이후 2200여 년간 학교의 수학에서 요구해 왔던 방법임을 알 필요가 있습니다.

- 관련 교과 단원 및 내용
- 중학교 1학년의 '삼각형의 합동조건'의 내용에 대한 선수 학습이 필요합니다.
- 고등학교 이상의 수학에서 체계적이며 엄밀한 증명 과정은 어떻게 이루어지는지를 알아볼 수 있습니다.

네 번째 수업 _ 바스카라의 피타고라스의 정리 증명 방법

12세기에 인도에서 활동한 유명한 수학자 바스카라가 피타고라스의 정리를 증명한 방법을 소개합니다.

- 선수 학습 : 피타고라스가 정리를 증명한 방법과 유사한, 간단명료한 증명 방법으로 특별한 선행 학습 내용이 필요 없습니다.
- 공부 방법 : 바스카라는 단지 그림을 하나 던져 놓고 그 그림을 유심히 보기만 하면 피타고라스의 정리가 증명된다고 말했지만, 이를 피타고라스가 친절히 설명해 주고 있기 때문에 독자는 그 설명을 따라가기만 하면 충분히 이해할 수 있습니다.

피타고라스 이후 1500년 뒤 피타고라스가 증명한 방법과 유사하지만 나름대로의 증명 방법을 보이고 있다는 점을 생각하면서 이해를 하면 됩니다.

- 관련 교과 단원 및 내용
- 피타고라스의 증명 방법과 어떻게 다른지 비교해 봅니다. 수학에서 하나의 정리를 증명하는 서로 다른 두 가지 이상의 증명 방법들의 장단점을 비교·평가하는 능력을 키울 수 있습니다.

다섯 번째 수업_레오나르도 다 빈치의 피타고라스의 정리 증명 방법

우리가 너무도 잘 알고 있는 〈모나리자〉를 그린 레오나르도 다 빈치가 피타고라스의 정리를 증명했던 방법을 소개합니다.

- 선수 학습 : 사각형의 합동 조건
- 공부 방법 : 레오나르도 다 빈치는 대수적 계산 과정을 전혀 사용하지 않고 단순히 기하학적인 방법만을 사용했습니다. 기술자이면서 예술가였던 레오나르도 다 빈치는 어떻게 증명을 했을까를 궁금해 하면서 피타고라스가 설명하는 내용을 따라갑니다.
- 관련 교과 단원 및 내용
- 중학교 1학년의 '다각형의 성질' 에 대한 선행 학습이 필요합니다.

여섯 번째 수업_대수적 방법을 이용한 피타고라스의 정리 증명 방법

피타고라스의 정리를 대수적 수식을 이용하여 증명하는 방법입니다.

- 선수 학습 : 이차방정식의 계산
- 공부 방법 : 앞의 수업과는 달리 대수적 방식으로 수식을 사용합니

다. 이 수식을 이용한 계산을 통해서 피타고라스의 정리가 어떻게 증명될 수 있는지를 생각하면서 읽어 나가면 됩니다.

피타고라스가 활동하던 시기에는 이와 같은 대수적 방법이 개발되지 않았던 시기로 피타고라스 시대의 기하학적 방법과 대수적 방법이 어떻게 다른지 서로의 장단점을 비교해 가며 공부할 필요가 있습니다.

• 관련 교과 단원 및 내용

－ 중학교 3학년의 '2차 방정식의 활용'에 대한 선행 학습이 필요합니다.

－ 고등학교 수리 논술 수학적 정리의 증명에서 '기하학적 방법'과 '대수적 방법'에 대한 비교 자료로 활용할 수 있습니다.

일곱 번째 수업_원의 성질에 의한 피타고라스의 정리 증명 방법

원과 접선, 할선 간의 관계를 이용하여 피타고라스의 정리를 증명하는 과정을 다룹니다.

• 선수 학습 : 원의 접선과 할선의 길이 관계

• 공부 방법 : 피타고라스가 설명하는 과정을 잘 따라가면서 이해를 하면 됩니다. 피타고라스의 정리가 증명되는 방법이 다양하다는 것과 역수학의 각 분야에서 피타고라스의 정리와 관련된 부분이 많음을 인식하면서 공부할 필요가 있습니다.

- 관련 교과 단원 및 내용
- 중학교 3학년의 '원에서 현, 접선과 관련된 성질' 에 대한 선행 학습이 필요합니다.

여덟 번째 수업_오려붙이기에 의한 피타고라스의 정리 증명 방법

- 선수 학습 : 종이 오려붙이기와 같이 주어진 정사각형을 여러 가지 방법으로 오려서 새로운 도형으로 재구성하는 방식으로 피타고라스의 정리를 증명하는 방법을 다룹니다.
- 공부 방법 : 대수적, 기하학적 방법만이 수학의 정리를 증명하는 방법이 되는 것은 아닙니다. 수학에 문외한이라도 비수학적 방법으로 수학적 마인드를 발휘해서 증명을 해 볼 수 있습니다. 수학을 할 때 열린 사고, 유연한 사고를 가지는 것이 중요함을 인식하면서 읽어 나가면 됩니다.
- 관련 교과 단원 및 내용
- 고등학교 수리 논술에서 비수학적이거나 유연한 사고, 창의적 사고의 중요성에 대한 논술 자료로 활용 가능합니다.

아홉 번째 수업_폴리아의 피타고라스의 정리 증명 방법의 일반화

20세기 문제 해결 교육과 관련하여 중요한 업적을 남기고 있는 폴리아가 피타고라스의 정리 증명 방법을 일반화한 내용을 다루고 있습니다.

- 선수 학습 : 피타고라스의 정리 증명 방법에 대한 폭넓은 이해
- 공부 방법 : 수학의 어떤 정리를 증명하는 방법은 연역적이면서 논리적으로 엄밀해야 함을 알 필요가 있고, 여러 가지 증명 방법이 존재하되 그 모든 방법들을 포괄할 수 있는 또 하나의 일반화된 증명 방법이 있음을 알고 이를 알아내기 위해 노력할 줄 아는 것이 수학적 증명을 공부하는 참된 자세임을 인식할 필요가 있습니다.
- 관련 교과 단원 및 내용
- 수학적 증명 방법이 갖추어야 할 조건에 대해 선행 학습할 수 있습니다.

열 번째 수업_피타고라스의 정리 역증명

피타고라스의 정리의 다양한 증명 방법에 대한 소개가 모두 끝나고 피타고라스의 정리의 역을 다룹니다.

- 선수 학습 : 명제와 논리
- 공부 방법 : 피타고라스의 정리를 수학적 명제로서 정확히 이해하고 그 명제의 역·이·대우와 이들의 논리적 관계 등에 대해 알고 있는 바를 적용하면서 읽어 나갑니다.
- 관련 교과 단원 및 내용
- 중학교 2학년의 '명제와 논리의 의미' 에 대한 선행 학습이 필요합니다.

열한 번째 수업_피타고라스의 정리를 평면도형에 활용

앞에서 이해한 피타고라스의 정리를 학교 수학의 평면도형에 적용 또는 활용해 볼 수 있습니다.

- 선수 학습 : 좌표계, 제곱근의 성질
- 공부 방법 : 피타고라스의 정리와 학교에서 배우는 수학의 다양한 내용을 다루기 때문에 선행 학습 내용에 대한 명확한 이해가 필요합니다. 피타고라스의 정리를 평면도형에 적용할 때 반드시 직각삼각형의 세 변의 길이와 관련 있음을 핵심 내용으로 인식하면 됩니다.
- 관련 교과 단원 및 내용
- 중학교 1학년의 '좌표평면', 중학교 3학년의 '제곱근'과 관련된 선행 학습이 필요합니다.
- 중학교 3학년의 '삼각비'와 고등학교 1학년의 '두 점 사이의 거리'의 내용과 연계됩니다.
- 중학교 수학 내용 중 '피타고라스의 정리'와 관련된 문제의 해결과 직접적인 관련이 있으므로 이들 내용의 학습에 도움이 됩니다.

열두 번째 수업_피타고라스의 정리를 입체도형에 활용

피타고라스의 정리를 직육면체나 각뿔, 원뿔의 높이 구하기에 적용하는 내용을 다룹니다.

- 선수 학습 : 각뿔, 원뿔
- 공부 방법 : 피타고라스의 정리를 입체도형에 적용하는 경우 반드시 직각삼각형의 세 변의 길이와 관련되어 있음을 핵심 사항으로 인식하면 됩니다.
- 관련 교과 단원 및 내용
- 중학교 수학 내용 중 '피타고라스의 정리'와 관련된 문제의 해결과 직접적으로 연관되어 이들 내용의 학습에 도움이 됩니다.

열세 번째 수업 _ 피타고라스의 정리 확장

피타고라스의 정리는 직각삼각형에만 해당하는 내용이지만, 예각이나 둔각삼각형의 경우에도 피타고라스의 정리가 어떤 방식으로 확대 적용될 수 있는지를 다룹니다.

- 선수 학습 : 피타고라스의 정리, 평행사변형의 성질
- 공부 방법 : 피타고라스의 정리가 직각삼각형에만 적용되는 성질이라는 경직된 생각을 버릴 필요가 있습니다. 예각이나 둔각삼각형에도 확대 적용될 수 있다는 열린 생각을 가지고 교재의 내용을 읽어 가면서 자신의 생각과 비교, 확인하는 방식으로 학습할 필요가 있습니다.
- 관련 교과 단원 및 내용
- 고등학교 수리 논술에서 수학적 정리를 확대, 일반화하는 과정

에 개입되는 수학적 사고의 가치에 대한 논술 자료로 활용할 수 있습니다.

열네 번째 수업_피타고라스의 정리에 관련한 수학 내용

피타고라스의 정리와 관련하여 파생된 수학적 내용을 다룹니다.

- 선수 학습 : 지수법칙, 페르마의 마지막 정리
- 공부 방법 : '페르마의 마지막 정리' 자체에 대한 의미를 파악하고, 이 페르마의 마지막 정리가 피타고라스의 정리와 어떤 식으로 관련이 있는지에 주목하여 교재의 내용을 이해합니다.
- 관련 교과 단원 및 내용
- 중학교 2학년의 '지수법칙의 응용' 과 관련이 있습니다.
- 고등학교 1학년의 '고차방정식' 과 관련이 있습니다.

피타고라스가 들려주는 피타고라스의 정리 이야기

피타고라스를 소개합니다

Pythagoras of Samos (B.C. 580?~500?)

'직각삼각형 빗변 길이의 제곱은 나머지 두 변 각각 길이의 제곱의 합과 같다'

이 세상에 무한히 많은 모든 경우를 한결 같이 만족시키는

하나의 성질을 찾아냈다는 사실,

대단한 발견 아닙니까!

그래서 수학을 아는 사람들은

'수학은 아름답다!' 고 예찬을 하는 것이지요.

나는 우주 만물의 기본 원리로 '수數'를 굳게 믿었습니다.

따라서 수학을 도구 삼아서 이 세상을 연구해 보려고 했지요.

 여러분, 나는 피타고라스입니다

　우선 내 소개를 하기 전에 우리 학생들에게 사과부터 먼저 해야 할 것 같습니다. 특히 중학교에 다니는 학생들은 내 이름을 따서 만든 '피타고라스의 정리' 때문에 수학 공부에 어려움을 겪는 경우가 종종 있다고 들었습니다.

　공연히 우리 학파에서 이 정리를 발견해 여러분들이 공부해야 할 수학 내용을 더 늘려 놓은 셈이 되어 미안한 마음을 항상 갖고 있었지요. 이번 기회를 통해 나 피타고라스를 비롯한 우리 피타고라스학파의 모든 학자들이 정중히 사과의 말씀을 드립니다.

　하지만 이왕 공부해야 하는 거라면 이참에 내가 설명하는 대로 한 번 곰곰이 생각해 보기 바랍니다. 이 세상에 존재하는, 아니 우리가 그려 볼 수 있는 무한히 많은 직각삼각형은 모두 피타고라스의 정리가 말해 주는 성질, 즉 '직각삼각형이라면 어떤 경우에도 빗변의 길이의 제곱은 나머지 두 변 각각의 길이의 제곱의 합과 같다' 는 사실을 항상 만족시킵니다.

대단한 발견이 아닙니까? 우리 학파에서 해낸 일이라고 자랑하는 것이 아니라, 여러분도 잘 생각해 보면 피타고라스의 정리의 진가를 알게 될 것입니다. 이 세상에 무한히 많은 모든 경우를 한결같이 만족시키는 어떤 하나의 성질을 찾아냈다는 사실! 다름 아니라 그게 바로 진리이고, 그래서 수학을 아는 사람들은 '수학은 아름답다!' 라고 예찬을 하는 것이겠지요.

이쯤에서 내 소개를 시작하겠습니다. 나는 지금의 터키 서쪽에 있는 이오니아의 사모스 섬에서 태어났습니다. 일찍이 철학자 탈레스의 권고에 따라 이집트의 메소포타미아에서 유학을 하고, 다시 사모스 섬으로 돌아왔지만 포리크라데스의 포악한 정치 때문에 활동이 자유롭지 못했습니다. 그래서 당시 그리스의 식민지였던 현재의 남부 이탈리아 시칠리 섬에 학교를 세우고 문하생들을 교육하기 시작했습니다.

이후 이탈리아 남부의 여러 도시로 옮겨 다니면서 많은 제자들을 길러 냈습니다. 그러는 동안 이름이 널리 알려지면서 학문에 뜻을 둔 많은 젊은이들이 몰려들었지요. 그중에는 나중에 나와 결혼하게 되는 여제자 테아노도 있었는데, 후세 사람들은 테아노를 역사상 최초의 여성 수학자로 기록하고 있더군요.

나 피타고라스가 활동하던 당시에는 여러 학자들이 나름대로의 종교적 특성을 갖고 학파를 구성하여 활동하고 있었습니다. 나도 '피타고라스학파'라는 약간 특이한 종교적 색채를 지닌 학파를 만들었답니다. 우리 학파는 규율이 매우 엄격했지요. 당시 나는 '사람은 죽으면 다시 태어난다'는 윤회사상을 굳게 믿고 있었고, 현재의 우리 육체는 다음 생애를 시작하기 위한 전 단계의 무덤일 뿐이라고 생각해 현세에서의 철저한 금욕주의를 강조하였습니다.

그리고 콩을 못 먹게 한다든지 우리는 콩을 이용해서 계산을 하니까 콩을 신성시하는 것은 당연하죠 일단 떨어뜨린 물건은 다시 줍지 못하게 한다든지, 음식을 통째로는 못 먹게 한다든지, 꽃 장식을 가지고 다녀서는 안 되며, 불 옆에선 거울을 보지 말아야 된다든지, 아침에 일어나면 침대보를 잘 펴서 잠을 잤던 흔적을 없애야 된다는 등 지금 생각해 보면 내가 왜 그렇게 까다로운 규율을 정해 놓았는지 나도 잘 모르겠습니다.

그 외에도 우리 학회에는 연구와 관련된 중요한 규율이 몇 가지 더 있었습니다. 즉 우리 학회에서 연구한 내용은 외부에는 반드시 비밀로 해야 하며, 일단 학회 내에서 발견된 연구 내용은 모두 내가 발견한 것으로, 즉 피타고라스의 이름으로 발표해야 하며, 이 학회에 들어오기 위해서는 현재 가지고 있는 전 재산을 학회에 헌납해야 하지만 탈퇴할 때는 가지고 온 재산의 두 배를 되돌려 주는 것 등입니다.

어쨌든 우리 학파는 점점 규모가 커지면서 이름도 널리 알려지게 되었습니다. 그러자 우리 학파에 대한 시기심으로 인한 반대파들이 생겨나고, 급기야는 정치적 반대파들에 의해 목숨을 위협 받기에 이르렀습니다.

나 피타고라스는 여기저기로 피신해 다니기 시작했고, 마침내 메소포타미아 쪽으로 피신했지만 나를 보호해 주던 문하생들도 뿔뿔이 흩어져 결국 억울하게 메타폰톰에서 체포되어 죽임을 당하게 되었습니다. 나의 제자들은 내가 살해 당한 후에도 여기저기서 약 200여 년간을 피타고라스학파의 이름을 계승해 활동을 했다고 합니다.

　나 피타고라스는 우주 만물의 기본 원리로 '수數'를 굳게 믿었습니다. 우주는 모든 물체와 현상이 수적 관계를 맺고 있으며, 그 비례에 따라 아름다운 음악적 조화를 이루고 있다고 믿어 의심치 않았지요. 이와 같은 우주의 근본 원리에 대한 나의 철학은 내가 살던 시대의 유명한 철학자인 소크라테스나 플라톤에게도 많은 영향을 끼쳤다고 생각합니다.

　이제부터 우리 학파인 피타고라스학파에서 연구해 놓은 수학에 대해 이야기해 보고자 합니다. 나는 '만물은 수數다'라고 자신 있게 외치고 다녔던 것처럼 수가 갖고 있는 신비한 성질들에 많은 관심을 갖고 이에 대하여 연구를 했습니다.

　예를 들어, 1을 여러 번 더하면 다른 자연수들이 만들어지게 되므로 1을 모든 수의 창조자로 신성시하였고, 2는 첫 번째 짝수이기에 여성을 상징하는 수라는 의미를 부여하였습니다. 3은 남성을 상징하는 수이자, 1과 2의 합이므로 매우 조화로운 수로 생각했지요.

　한국 사람들이 전통적으로 싫어하는 수 4는 정의를 상징하는 수로 생각하였고, 5는 여성과 남성을 대표하는 수인 2와 3의 합이기에 혼인을 의미하는 수로 여겼습니다.

한편 나는 음악에도 관심이 많아서 음정도 수와 철저하게 연결되어 있음을 알아냈습니다. 즉 장력과 재질이 같은 두 개의 줄을 튕겼을 때, 만일 두 줄의 길이의 비가 2:1이면 8도, 즉 한 옥타브의 음정 차이가 나게 되며, 3:2이면 5도, 4:3이면 4도의 음정 차가 난다는 것을 알아냈지요.

또 줄의 길이가 이렇게 간단한 정수의 비로 되어 있을 때만 서로 잘 어울리는 소리가 나게 되고, 복잡한 비가 될수록 어울리지 않게 된다는 것도 알아냈습니다. 나중에 나의 이런 음정 이론은 서양 음악 이론의 기초가 되어 있더군요. 어떻습니까? 이만하면 우주 만물을 수라는 관점에서 볼 수 있고, 수학을 도구 삼아서 이 세상을 연구해 볼 수 있지 않을까요?

이제 내 자랑은 여기서 마치려고 합니다. 그리고 다음 수업부터는 이 책에서 다루려고 했던 '피타고라스의 정리'에 대해 여러분이 재미있고, 쉽게 이해할 수 있도록 2500여 년 전으로 거슬러 올라가 당시 유명했던 나 피타고라스가 여러분에게 직접 설명을 해 주겠습니다.

만물의 근원은 '수'다. 수학과 삶에 대해 알고 싶다면 모두 나에게 오라!

수학자하면 피타고라스 선생님이잖아.

족집게 피타고라스 선생님에게 가자!

피타고라스학파

와글 와글

콩은 가장 신선한 물건이므로 절대 먹으면 안 된다.

한 번 떨어뜨린 물건은 절대 다시 주워서도 안되고, 불옆에서 거울을 봐서도 안 돼, 그리고 또...

먹으면 무조건 퇴학!

우리 학파에서 한 내용은 바깥으로 절대 비밀이야.

헤헤~ 규칙을 258개 알려 줬으니

앞으로 200개밖에 안 남았네.

규칙

제자들이여, 어쨌든 나를 믿고 따르겠느냐?

믿습니다.

따르겠습니다.

피타고라스의
정리

피타고라스가 어떻게 해서 피타고라스의 정리를
발견하게 되었는지, 그 과정에 대해 역사적 에피소드를
통해 들려줍니다.

1. 피타고라스가 피타고라스의 정리를 발견한 과정을 알아봅니다.

2. 피타고라스의 정리에 대한 기본적인 의미를 이해합니다.

3. 수학적 진리와 발견이 갖는 의미를 이해합니다.

미리 알면 좋아요

1. **정사각형의 넓이** 정사각형의 가로 길이에 세로의 길이를 곱하면 넓이를 구할 수 있습니다. 예를 들어, 한 변의 길이가 10cm인 정사각형의 넓이는 $10\text{cm} \times 10\text{cm} = 100\text{cm}^2$입니다.

2. **거듭제곱의 표시** 동일한 수나 문자를 거듭하여 곱한 경우 곱해진 수나 문자의 오른쪽 위에 곱한 횟수를 작은 숫자로 표시합니다. 예를 들어, 3을 두 번 곱한 경우는 '3의 제곱'이라고 하며, 3^2으로 나타내고, 문자 A를 5번 곱한 경우는 'A의 다섯 제곱'이라 하고, A^5으로 나타냅니다.

피타고라스의
첫 번째 수업

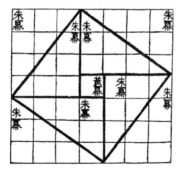

句股冪合以成弦冪

이 그림은 피타고라스보다 500여 년 앞서 고대 중국에서 발견한 중국판 피타고라스의 정리인 '구고현의 정리'입니다. 메소포타미아 문명권에서는 피타고라스보다 1000여 년 앞서 피타고라스의 정리와 같은 정리를 발견하였고, 인도나 이집트 문명권에서도 이와 유사한 기하학적 성질이 발견되었다고 합니다.

그러고 보면 피타고라스의 정리는 언젠가 우리 인류가 발견할 수밖에 없는 우주의 신비를 농축해 놓은 절대적 진리가 아닐까 생각됩니다.

피타고라스가 들려주는 피타고라스의 정리 이야기

여러분은 학교에서 배우는 수학책을 넘겨보다 '피타고라스'라는 생소한 이름과 함께 등장하는 '피타고라스의 정리' 라는 단원명을 발견하고는 참 신기하게 느꼈을 것입니다. 발음도 재미난 이 낯선 이름에 이끌려 어떤 내용이 들어 있을까 하고 앞부분을 읽어 보다가 다음과 같이 직각삼각형의 세 변에 각각 정사각형이 그려진 그림과 마주쳤던 경험도 있을 것입니다.

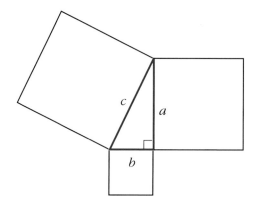

위의 그림은 바로 나 피타고라스가 발견하고 증명했던 정리인 '모든 직각삼각형은 그 빗변의 길이의 제곱이 나머지 두 변의 길이의 제곱의 합과 같다' 를 상징적으로 잘 보여 줍니다.

그런데 내가 이 정리를 어떻게 발견했는지 궁금하죠?

나는 그야말로 우연한 기회에 직각삼각형이 갖는 성질을 알게 되었습니다. 내가 살고 있는 동네의 큰길 옆에 어떤 집이 아래 그림과 같이 타일로 예쁘게 장식되어 있었습니다. 우리 집에서 내가 세운 학교로 학생들을 가르치러 가기 위해서는 꼭 그 집을 지나칠 수밖에 없었는데 그 집에 다다르면 벽 앞에 서서 유심히 그 타일들을 응시하곤 했습니다. 그런데 하루는 그 타일 벽에서 다음 그림과 같은 모양이 눈에 번쩍 뜨이는 것이었습니다.

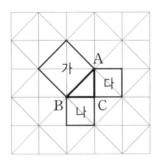

순간 나도 모르게 큰 소리로 외쳤습니다.

"아, 바로 이거야!"

그러고는 그 타일 벽에 손을 대고 한참 동안 기대 서서 감격의 눈물을 흘렸습니다. 나는 너무나도 기쁜 나머지 그 길로 학

피타고라스가 들려주는 피타고라스의 정리 이야기

교로 달려가 제자들과 친지들을 모두 불러 놓고 사흘 밤낮 동안 성대한 잔치를 벌였습니다.

타일 모양을 보고 내가 무엇을 알아낸 것일까요?

도대체 무엇을 알아냈기에 창피함도 무릅쓰고 남의 담장에 기대어 눈물을 흘리며 큰 소리를 질러댔을까요?

그리고 또 학교로 와서 사흘 밤낮 동안 큰 잔치를 벌인 이유는 무엇일까요?

앞의 타일 모양을 보면 같은 모양, 같은 크기를 가진, 합동인 직각이등변삼각형[1]들이 규칙적으로 배열되어 ❶

붙어 있는 것을 볼 수 있습니다. 즉 앞의 그림에서 보이는 직각이등변삼각형 모양의 타일들은

직각이등변삼각형 직각을 사이에 둔 두 변의 길이가 같은 삼각형

모두 넓이가 같습니다.

그런데 항상 똑같은 타일들이 모여서 예쁜 문양을 이루고 있는 전체 모양만 보이다가, 그날은 이상하게도 그 타일들 중에 보라색으로 테두리가 되어 있는 도형 안에 들어 있는 직각이등변삼각형들이 두드러지게 보였습니다.

여러분도 보라색 테두리로 된 부분을 잘 들여다보세요. 그야말로 놀랍고도 위대한 수학적 발견이 여기서 탄생되었으니까요. 사실 위대한 발견은 이와 같이 별것 아닌 곳에서 생겨날 때가 많습니다.

보라색 테두리로 되어 있는 도형 안에는 다시 정사각형 가, 나, 다와 진보라색 테두리로 된 직각이등변삼각형 하나가 들어 있습니다.

여기서 진보라색의 직각이등변삼각형의 넓이를 1이라고 해봅시다.

그러면 정사각형 가의 넓이는 $\overline{AB}$를 한 변의 길이로 하는 정사각형의 넓이인 셈이니까 다음과 같이 계산됩니다.

정사각형 가의 넓이

$= (\overline{AB}\text{의 길이})^2$

= 4개의 직각이등변삼각형의 넓이

= 4 ·· ①

같은 방법으로 정사각형 나의 넓이는 $\overline{BC}$를 한 변으로 하는 정사각형의 넓이가 되어 다음과 같이 계산됩니다.

정사각형 나의 넓이

$= (\overline{BC}\text{의 길이})^2$

= 2개의 직각이등변삼각형의 넓이

= 2 ·· ②

같은 방법으로 정사각형 다의 넓이는 $\overline{AC}$를 한 변으로 하는 정사각형의 넓이가 되어 다음과 같이 계산됩니다.

정사각형 다의 넓이

= $(\overline{AC}$의 길이$)^2$

= 2개의 직각이등변삼각형의 넓이

= 2 ···························· ③

그런데 '① = ② + ③'이라 하면, '4 = 2 + 2'가 되는 것을 알 수 있습니다.

여러분! 이것이 무엇을 말해 주고 있는지 아시겠습니까?

앞 그림의 진보라색 직각이등변삼각형의 경우를 살펴봅시다.

$$(빗변의 길이)^2 = (나머지\ 한\ 변의\ 길이)^2$$
$$+ (나머지\ 또\ 다른\ 한\ 변의\ 길이)^2$$

이와 같은 성질을 만족시킨다는 것을 알 수 있습니다.

그런데 이게 뭐 그리 대단한 것이냐고 여러분은 묻고 싶을 것입니다. 물론입니다. 이 한 가지 경우에만 위의 성질이 만족된다면 사실 아무것도 아닌 게 됩니다. 그런데 나는 이 타일의 한 가지 경우를 통해 모든 직각삼각형이 다음과 같은 성질을 만족시킬 것이라는 예상을 할 수 있었습니다.

모든 직각삼각형은 그 빗변의 길이의 제곱이 나머지 두 변의 길이 각각의 제곱의 합과 같다.

물론 이와 같은 예측은 참임이 증명되어야 그야말로 '위대한 정리' 즉 진리가 되고, 비로소 수학사에 길이 남을 만한 유명한 업적이 되는 것입니다.

그런데 내가 바로 이런 성질이 모든 형태의 직각삼각형에서 만족됨을 증명해 보였고 그것이 오늘날 그 유명한 '피타고라스의 정리' 입니다. 여러분이 배우는 수학 교과서에 항상 하나의 단원으로 2500여 년 동안 떡하니 자리를 잡고 있지요.

그렇다면 여러분의 수학 교과서에 나오는 피타고라스의 정리의 위대함을 한번 알아볼까요?

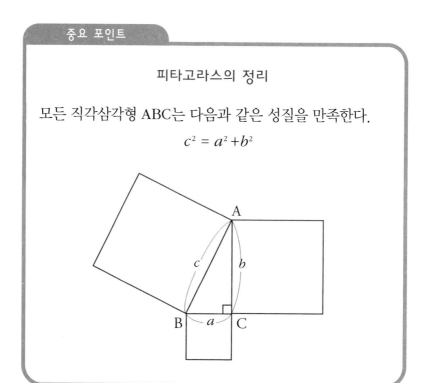

중요 포인트

피타고라스의 정리

모든 직각삼각형 ABC는 다음과 같은 성질을 만족한다.

$$c^2 = a^2 + b^2$$

피타고라스가 들려주는 피타고라스의 정리 이야기

다음 수업 시간에는 피타고라스의 정리가 항상 참이 됨을 증명하는 과정을 여러분에게 아주 친절하고도 쉽게 들려줄 테니 기대하세요.

첫번째
수업 정리

❶ 피타고라스의 정리는 우리가 생각할 수 있는 모든 종류의 직각삼각형에 적용되는 성질로 '빗변의 길이의 제곱은 나머지 두 변의 길이 각각의 제곱의 합과 같다'는 수학적 진리입니다.

❷ 수학적 진리는 발견 자체로 완성되는 것이 아니라, 그것이 옳음을 증명하고 나서야 진리로 완성됩니다.

2교시

피타고라스의
피타고라스의 정리
증명 방법

피타고라스가 그 자신이 발견한 피타고라스의 정리가
참임을 증명했던 방법을 소개합니다.

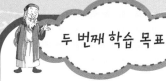

두 번째 학습 목표

1. 피타고라스가 피타고라스의 정리를 증명한 방법을 이해합니다.
2. 수학적 정리의 여러 가지 증명 방법을 알아봅니다.

미리 알면 좋아요

1. 피타고라스가 활동하던 시기에는 현재 우리가 사용하는 수식이나 수학적 심볼이 발전하지 못했고, 대수$_{수}$영역보다는 기하$_{도형}$영역 쪽이 더 발달했습니다.

2. 삼각형의 합동조건
   두 삼각형은 다음과 같은 경우에 서로 합동입니다.
   ① 대응하는 세 변의 길이가 각각 같을 때 SSS 합동
   ② 대응하는 두 변의 길이가 각각 같고, 그 끼인각의 크기가 같을 때
      SAS 합동
   ③ 대응하는 한 변의 길이가 같고, 그 양 끝각의 크기가 각각 같을 때
      ASA 합동

피타고라스의
두 번째 수업

피타고라스, B.C. 580?~500?

이번 수업부터는 내가 발견한 피타고라스의 정리가 참임을 증명해 보이고자 합니다. 알고 보니 피타고라스의 정리를 발견해낸 후 많은 후배 수학자들이 이 정리를 증명하기 위해 여러 가지 방법들을 고안해냈더군요.

2500여 년 동안 367가지의 증명법이 개발될 정도였다고 합니다. 정말 대단하지 않나요? 그 증명 방법의 가짓수 면에서 보면 수학의 그 어떤 정리보다도 피타고라스의 정리가 가장 많다고 합니다.

이는 피타고라스의 정리가 인기가 많다는 뜻이고, 수학에서 그만큼 중요한 자리를 차지하고 있는 것이라 생각합니다. 어느 쪽이 되었든 이런 생각을 할 때마다 나는 매우 기쁩니다. 이런 것이 학문을 하는 사람들의 보람이 아닐까 생각합니다.

피타고라스의 정리가 그만큼 중요한 '수학의 정리'인 만큼 여러분도 단지 수학책에 나온다는 이유로 억지로 공부한다는 생각을 버리고 이번 기회에 나 피타고라스가 들려주는 이야기를 잘 듣고 완전히 여러분의 것으로 만드시길 바랍니다.

서론이 너무 길었던 것 같네요. 자! 그렇다면 여러분, 이제 나 피타고라스와 함께 2500여 년 전으로 잠시 시간 여행을 떠나 볼까요? 준비됐습니까? 출발~~.

피타고라스가 활동하던 기원전 6세기경 고대 그리스 중심의 지도

　내가 한참 제자들을 가르치고 있었을 때는 기원전 6세기경으로 여러분이 지금 생활하고 있는 21세기처럼 좋은 재질의 노트나 연습장도 없고, 도형들을 정밀하게 그려 낼 수 있는 날카로운 필기 도구도 없었던 시대였답니다. 그래서 평소에는 지금의 스케치북만 한 모래판에 고운 모래를 담아 평편하게 만든 후 가느다란 막대기로 그림을 그리거나 글씨를 쓰면서 수학을 공부했습니다.

　그러다 보니 도형이 정확하게 그려지지도 않았고, 글씨도 알아보기 힘들 때가 많아 결국 머릿속에 그림을 그리고 생각을 하는 방법으로 수학 공부를 했지요. 그런데 그런 방법이 오히려 수학을 공부하는 데는 아주 큰 도움이 되었습니다. 여러분들도 수학 공부를 할 때 머릿속에 공부할 내용을 미리 그림으로 떠올리고 그걸 가지고 많은 생각을 해 보시기 바랍니다.

피타고라스가 들려주는 피타고라스의 정리 이야기

그리고 그때는 지금처럼 수학이 많이 발달하지도 못했고, 수학의 내용을 표현하는 방법 면에서도 문자나 식 등이 발달하지 못했습니다. 그래서 이제부터 나 피타고라스가 여러분에게 피타고라스의 정리를 증명해 보일 때에도 기원전 6세기경에 했었던 방식대로 문자나 식을 사용하지 않고 증명하려고 합니다. 아마도 문자와 식을 사용해 증명하는 것보다 훨씬 이해하기 쉽고 또 편할 것이라 생각합니다.

그러면 증명을 해 보이겠습니다. 지금부터 여러분은 기원전 6세기경으로 타임머신을 타고 돌아가 저 멀리 산언덕에 고대 그리스 신전이 여기저기 보이는 피타고라스 학교의 학생이 되어서 내 설명을 듣는 것입니다. 눈을 감고 그 시대 그 상황을 상상해 가며 설명을 들어 보기 바랍니다.

▨피타고라스의 정리 증명

우선 합동인 다음의 두 큰 정사각형을 생각해 보기로 합시다.

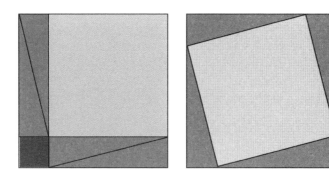

[그림 1]

위 두 정사각형의 그림을 다시 다음 그림과 같이 각기 다른
방법으로 나누어 보겠습니다.

즉 아래 그림과 같이 [그림 1]의 두 개의 큰 정사각형은 각각
의 방법에 따라 여러 조각으로 나누어 볼 수 있습니다.

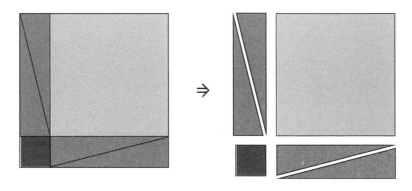

[그림 2]

피타고라스가 들려주는 피타고라스의 정리 이야기

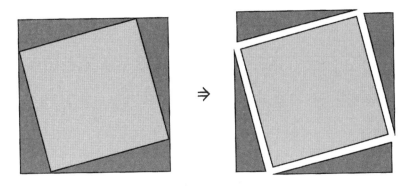

[그림 3]

나누어진 조각들 중에서 두 개의 큰 정사각형에는 모두 4개의 회색 직각삼각형이 들어 있습니다. 따라서 두 개의 큰 정사각형에서 4개의 직각삼각형을 제외한 나머지 부분의 넓이는 서로 같게 됩니다. 즉 여러분이 알고 있는 +와 -의 기호를 사용해 나타내 보면 [그림 4]처럼 됩니다.

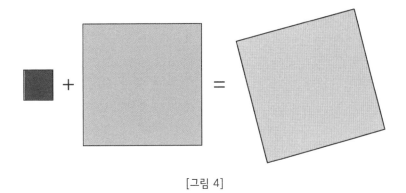

[그림 4]

앞의 그림에 있는 3개의 도형은 모두 정사각형입니다.

그리고 [그림 5]처럼 각 정사각형은 원래 회색 직각삼각형의 세 변의 길이를 각각 한 변으로 하는 정사각형들이었습니다.

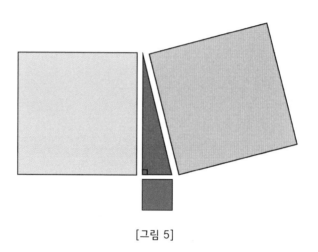

[그림 5]

여기서 질문을 하나 하겠습니다.

여러분은 어떤 길이를 한 변으로 하는 정사각형의 넓이를 구할 때 어떻게 하죠?

그렇습니다!

그 길이를 제곱하면 사각형의 넓이가 된다는 것은 이미 학교에서 배운 내용입니다.

따라서 [그림 4]와 [그림 5]를 같이 생각해 보면 '직각삼각형의 빗변의 길이의 제곱은 나머지 두 변의 길이 각각의 제곱의 합과 같게 된다'는 것을 알 수 있습니다.

어때요, 피타고라스의 정리가 간단하면서도 명쾌하게 증명이 되었지요?

그런데 나 피타고라스가 방금 해 보인 증명 방법과 유사한 방법들을 많은 사람들이 다양한 방식으로 고안하기도 했습니다. 그중 한 가지 예를 보여 주겠습니다.

자, 다음의 그림을 주의 깊게 보세요.

단지 주의 깊게, 세심히 들여다보는 것만으로도 피타고라스의 정리를 증명할 수 있는 그림입니다. 그 이유는 여러분이 한 번 찾아보세요. 이 피타고라스가 여러분에게 내는 오늘의 과제입니다, 하하하…….

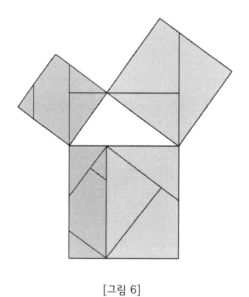

[그림 6]

피타고라스가 들려주는 피타고라스의 정리 이야기

❶ 피타고라스 자신이 보여 준 피타고라스의 정리 증명 방법은 누구나 쉽게 이해할 수 있는 증명 방법으로, 도형의 분할과 재배치를 이용한 것입니다.

❷ 피타고라스의 정리를 증명하는 방법은 현재 수백 가지가 넘지만 피타고라스가 사용한 방법이 가장 간단하면서도 손쉬운 방법임을 알 수 있습니다.

유클리드의
피타고라스의 정리
증명 방법

기원전 3세기경 고대 그리스의 유명한 수학자
유클리드가 200여 년 전의 대선배인
피타고라스의 정리를 증명하는 방법입니다.

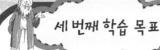

세 번째 학습 목표

1. 유클리드가 그의 저서 《원론》에서 피타고라스의 정리를 증명한 방법을 알아봅니다.

2. 피타고라스의 증명 방법과 유클리드의 증명 방법 간의 차이를 비교해 봅니다.

미리 알면 좋아요

1. 유클리드B.C.325~265 고대 그리스의 수학자로 《원론》을 저술하였습니다.

2. 원론 고대 그리스의 수학자인 유클리드가 저술한 13권으로 이루어진 책으로 당시까지의 그리스 수학을 집대성한 것입니다. 책의 구성은 제1권부터 제6권까지는 '평면기하', 제7권에서 제10권까지는 '수론', 제11권에서부터 제13권까지는 '입체기하'로 이루어져 있습니다. 이 책은 23개의 정의와 5개의 공준, 5개의 공리로부터 시작하며 철저한 연역적 증명 과정을 통해 500여 개의 정리를 증명하고 있습니다.

피타고라스의
세 번째 수업

유클리드, B.C. 325?~265?

　그럼 지금부터는 나 피타고라스
이후의 수학자들이 피타고라스의 정
리를 어떻게 증명했는지 알아보도록
하지요. 물론 나 피타고라스만큼은
아니지만 아주 유명한 수학자들의
증명 중 대표적인 것 몇 가지를 여러

분에게 들려주고자 합니다.

원론기하학 원본 기원전 300년 무렵에 유클리드가 편찬한 기하학 책. 그리스 수학의 성과를 집대성하여 체계화한 수학의 고전으로, 평면 기하 6권, 수론數論 4권, 입체 기하 3권으로 되어 있다.

먼저 유클리드의 증명 방법을 설명하겠습니다. 유클리드Euclid는 나 피타고라스보다 약 200여 년 후에 활동한 수학자로 그가 저술한《원론❷ 스토이케이아, Στοιχεια》은 아마《성경》다음으로 베스트셀러일 것이고, 2000여 년 동안 별다른 수정 없이 서양의 중등학교에서 수학 교과서로 사용되어 왔을 정도로 완벽하게 쓰여진 책입니다.

이런 책의 저자인 유클리드가 피타고라스의 정리를 어떻게 증명했는지 궁금하지 않나요?

자! 그럼 지금부터 나 피타고라스가 유클리드의 증명 방법을 알기 쉽게 설명해 보겠습니다.

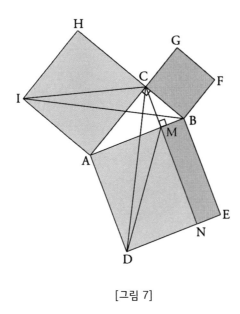

[그림 7]

[그림 7]에서 △ABC는 ∠C가 직각인 직각삼각형입니다.

그리고 □ACHI는 직각삼각형 ABC의 변 AC를 한 변으로 하는 정사각형입니다.

또 □ABED는 직각삼각형 ABC의 변 AB를 한 변으로 하는 정사각형입니다.

마지막으로 □BFGC는 직각삼각형 ABC의 변 BC를 한 변으로 하는 정사각형입니다.

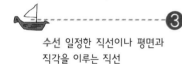

3

수선 일정한 직선이나 평면과
직각을 이루는 직선

다음, 점 C에서 변 AB에 내린 수선[3]의 발을 M
이라 하고, 그 연장선과 변 DE가 만나는 점을 N
이라고 합시다.

그런데 △ACI는 변 AC의 길이를 밑변과 높이로 갖는 삼각형
으로 생각할 수 있습니다.

△ABI는 변 AI의 길이를 밑변과 높이로 갖는 삼각형으로 생
각할 수 있습니다.

그런데 □ACHI는 정사각형이므로 변 AC와 변 AI의 길이는
같습니다.

따라서 △ACI와 △ABI의 넓이는 같게 됩니다. ………… ①

한편 △ABI와 △ADC는 모두 변 AB와 변 AC의 길이와 각각 같은 두 변을 갖고, 그 사이에 끼인각도 같습니다.

따라서 △ABI와 △ADC는 합동이며, 넓이가 같게 됩니다.

그런데 ①에서 △ACI와 △ABI의 넓이가 같았기 때문에 △ACI와 △ADC는 서로 넓이가 같습니다.

그리고 △ADC와 △ADM은 모두 변 AD를 밑변으로, 변 AM을 높이로 갖는 삼각형이므로 서로 넓이가 같습니다.

따라서 △ACI와 △ADM은 서로 넓이가 같습니다.

그런데 정사각형 ACHI의 넓이는 △ACI의 넓이의 두 배가 되고, 직사각형 ADNM의 넓이는 △ADM의 넓이의 두 배가 됩니다.

따라서 [그림 7]에서 보라색으로 칠해진 두 사각형은 같은 넓이를 갖는 삼각형의 넓이의 두 배의 넓이를 갖는 사각형이므로 서로 넓이가 같게 됩니다. …………………………………… ②

다음은 [그림 7]에서 회색으로 칠해진 두 사각형의 넓이가 같게 됨을 보겠습니다.

　이번엔 [그림 8]을 보면서 설명하겠습니다.

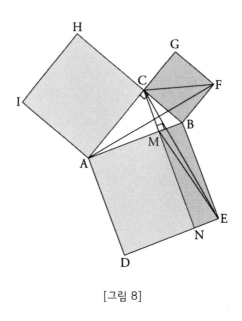

[그림 8]

　△BCF는 변 BC의 길이를 밑변과 높이로 갖는 삼각형이고, △BAF는 변 BF의 길이를 밑변과 높이로 갖는 삼각형입니다.

　그런데 □BCGF는 정사각형이므로 변 BC와 변 BF의 길이는 같습니다.

　따라서 △BCF와 △BAF의 넓이는 같게 됩니다. ………… ③

한편 △BAF와 △BEC는 모두 변 AB와 변 BC의 길이와 각각 같은 두 변을 갖고, 그 사이에 끼인각도 같습니다.

따라서 △BAF와 △BEC는 합동이며, 넓이가 같게 됩니다.

그런데 ③에서 △BCF와 △BAF는 넓이가 같았기 때문에 △BCF와 △BEC는 서로 넓이가 같습니다.

그리고 △BEC와 △BEM은 모두 변 BE를 밑변으로, 변 BM을 높이로 갖는 삼각형이므로 서로 넓이가 같습니다.

그런데 정사각형 BCGF의 넓이는 △BCF의 넓이의 두 배가 되고, 직사각형 BENM의 넓이는 △BEM의 넓이의 두 배가 됩니다.

따라서 [그림 8]에서 회색으로 칠해진 두 사각형은 같은 넓이를 갖는 삼각형의 넓이의 두 배의 넓이를 갖는 사각형이므로 서로 넓이가 같게 됩니다. ……………………………… ④

앞의 ②와 ④를 통해 보라색 정사각형과 회색 정사각형의 넓이의 합은 결국 가장 큰 정사각형 ABED의 넓이와 같음을 알 수 있습니다.

이로써 주어진 '직각삼각형의 빗변의 길이의 제곱은 나머지
두 변 각각의 길이의 제곱의 합과 같음'이 증명되었습니다.

어때요? 나 피타고라스가 증명한 방법과 유클리드가 증명한
방법에서 차이를 느꼈나요? 처음에 보여 주었던 나 피타고라스
가 증명한 방법이 유클리드의 방법보다 간단하고 쉽지 않은가
요? 그렇게 느꼈다면 정확하게 판단한 겁니다.

나 피타고라스보다 약 200년 뒤에 활동한 고손자뻘인 유클리
드는 당대뿐 아니라 전 수학사를 통틀어 너무나도 유명한 수학

자입니다. 유클리드 이전의 고대 그리스 시대에 여러 곳에 흩어져서 입으로 전해지던 수학의 내용을 아주 명쾌하면서도 완벽한 체계를 만들어 정리하여 《원론》을 펴냈지요.

수학적으로 완벽에 가까운 체계 속에서 피타고라스의 정리를 다루다 보니 유클리드는 앞에서 설명한 것처럼 연역적 체계에 따라 증명을 했습니다. 나 피타고라스의 증명 방법은 그것에 비하면 직관적이며 간단한 방식을 취하고 있습니다. 그래서 더 쉬워 보일 수 있었을 겁니다.

수학 공부를 체계적으로 하기 위해서는 유클리드의 증명 방식과 같이 체계적이며 연역적인 사고방식이 필요하고, 수학에서 새로운 아이디어를 내거나 창의적인 발상을 하기 위해서는 나 피타고라스의 증명 방식같이 기발하면서도 새로운 아이디어를 떠올릴 수 있어야 합니다. 이와 같이 수학에서는 직관적이며 창의적인 발상과 연역적이며 논리적인 사고가 모두 필요합니다.

나의 증명 방법이 유클리드의 것보다 더 나은 방법이라든지, 내가 유클리드보다 훌륭한 수학자라고 말하려는 것이 결코 아닙니다. 단지 수학을 잘하기 위해서는 새로운 아이디어를 개발

해내고 모험적인 시도를 게을리하지 말아야 하고 동시에 그런 창의적인 발상의 결과물을 반드시 엄격하고 논리적으로 따져서 그 진위를 밝혀낼 수도 있어야 한다는 것입니다.

⠇세번째
수업 정리

유클리드가 보여 준 피타고라스의 정리 증명 방법

그가 저술한, 역사적으로 유명한 책《원론》을 통해 서술한 방법으로 다소 복잡한 과정을 거치지만 철저하게 공리·연역적 방법으로 증명한 완벽한 증명 방법이라고 할 수 있습니다.

바스카라의
피타고라스의 정리
증명 방법

12세기에 인도에서 활동한 유명한 수학자
바스카라가 피타고라스의 정리를
증명한 방법을 소개합니다.

네 번째 학습 목표

1. 바스카라가 피타고라스의 정리를 증명한 방법을 알아봅니다.
2. 여타의 피타고라스의 증명 방법과 바스카라의 증명 방법의 차이를 비교해 봅니다.

미리 알면 좋아요

1. 바스카라 12세기경 인도의 수학자로 '어려운 수학을 어떻게 하면 재미있고 친근하게 접근할 수 있을까' 고민한 끝에 아름다운 시구詩句로 엮어 쓴 수학책 《리라바티》를 만들었습니다. 이 책은 문학적이면서도 자상하고 친근하게 서술되었으며 수학적 내용 측면에서도 수준 높은 책으로, 오랫동안 많은 사람들이 애독하였다고 합니다.

2. 인도의 수학 인도의 수학은 천문학과 밀접한 관련이 있고, 특히 대수와 산수는 독자적인 발전을 이룩하였습니다. 이미 B.C. 2세기경에 영$_0$의 개념을 발견했으며 십진법, 아라비아숫자, 분수기호법도 인도에서 발명되었습니다.

바스카라, 1114~1185

이번 수업에서는 앞에서 소개했던 유클리드보다 1000여 년 뒤로 시간 여행을 떠나 인도의 유명한 수학자이며 천문학자였던 바스카라Bhaskara, 1114~1185의 증명 방법에 대해서 알아볼까 합니다. 바스카라는 A.D. 1114년에 태어났기 때문에 나 피타고라스가 활동하던 때로부터 따져 보면 근 1500년 뒤에 활동한 수학자인 셈입니다. 놀랍지 않나요? 지금 여러분도 피타고라스의 정리를 공부하고 있지만 여러분 이전의 수학자들도 2500여 년 동안 피타고라스의 정리를 변함없이 공부해 왔고, 그 증명 방법을 각자가 새롭게 찾아보았었다는 사실……

바스카라는 엉뚱한 면이 있는 수학자였습니다. 피타고라스의 정리를 증명한다고 다음과 같은 그림 두 개를 그려 놓고는 추가적인 증명이나 설명 없이 '그림을 보시오!'라는 외마디만을 남겨 놓았다고 합니다. 마치 그림을 보기만 해도 증명이 된다는 듯이 말이지요.

여러분도 바스카라의 지시대로 다음의 그림을 유심히 살펴보시기 바랍니다.

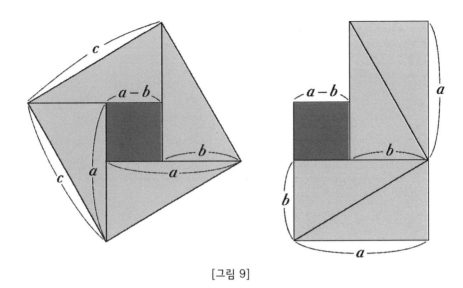

[그림 9]

무언가가 보입니까?

피타고라스의 정리가 참임이 잘 나타나 있나요?

아마 그림만으로는 바스카라가 피타고라스의 정리를 어떻게 증명하려고 했는지 알기 어려울 것입니다. 바스카라는 천재적 소질을 가지고 있었나 봅니다. 그림 두 개만으로 피타고라스의 정리가 참임을 알 수 있다고 했으니 말이지요. 하기는 나 피타고라스도 벽에 붙여진 타일을 보다가 피타고라스의 정리를 생각해냈지요. 이러면 또 여러분 앞에서 잘난척하는 셈이 되니까 이만 그치고 바스카라가 그림을 보고 어떤 생각을 했기에 바로

증명이 된다고 생각했는지 설명하겠습니다.

　내가 활동할 때만 해도 문자나 식을 가지고 수학적 조작을 하는 소위 대수적인 방법은 없었기에 나는 앞에서 설명한 것처럼 도형 조각들을 이리저리 붙여 보는 방식으로 증명을 하였습니다. 그런데 바스카라는 당시 수학이 상당히 발전한 인도에서 활동하였기에 대수적인 방식을 염두에 두고 그림을 구성해 놓았

피타고라스가 들려주는 피타고라스의 정리 이야기

습니다. 그리고 앞의 그림을 대수적 방법으로 생각해 보면 설명 없이도 즉시 증명이 된다고 판단했기 때문에 그냥 그림을 유심히 살펴보라고 한 것 같습니다.

그럼 이제 바스카라가 생각하고 있었던 대수적인 설명을 곁들여 여러분이 쉽게 이해할 수 있도록 하겠습니다.

우선 [그림 9]의 왼쪽과 오른쪽 그림은 도형들의 배치를 일부 달리한 것 외에는 변화가 없습니다.

그런데 그림을 보면 어딘가 나 피타고라스가 그려 놓았던 그림들과 비슷하지 않나요?

어쨌든 다음 그림은 한 변의 길이가 c인 정사각형을 밑변이 b, 높이가 a로 합동인 직각삼각형 4개와 한가운데에 있는 작은 정사각형으로 나누어 놓은 것입니다.

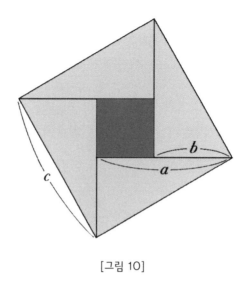

[그림 10]

따라서 그 넓이는 c^2이 됩니다. ···························· ①

오른쪽 [그림 11]은 합동인 직각삼각형 4개와 작은 정사각형의 위치를 다르게 배열한 것으로 그 넓이를 구해 보면 다음과 같습니다.

피타고라스가 들려주는 피타고라스의 정리 이야기

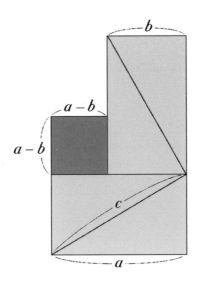

[그림 11]

우선 4개의 직각삼각형의 넓이는 다음과 같습니다.

$$4 \times \left\{ (a \times b) \times \frac{1}{2} \right\} = 2ab \quad \cdots\cdots\cdots\cdots\cdots\cdots\cdots\cdots ②$$

작은 정사각형의 한 변의 길이는 그림에서 보듯이 $a - b$이므로 그 넓이는 $(a-b)^2$이 됩니다. $\quad \cdots\cdots\cdots\cdots\cdots\cdots ③$

②, ③을 통해 오른쪽 도형의 넓이는 다음과 같습니다.

$$2ab + (a-b)^2 = a^2 + b^2 \quad \cdots\cdots\cdots\cdots\cdots\cdots\cdots ④$$

①, ④를 통해 $c^2 = a^2 + b^2$이 됨을 알 수 있습니다. 피타고라스의 정리가 증명이 되었지요?

1 바스카라

12세기경 인도의 유명한 수학자로 직관적 증명 방법을 주장한 사람입니다. 실제로 바스카라는 그가 제시한 그림을 보면서 곰곰이 생각하여 떠오르게 하는 증명 방법으로 피타고라스의 정리를 증명하였습니다.

2 바스카라가 제시한 증명 방법은 피타고라스가 증명했던 방법과 비슷한 점이 많음을 알 수 있습니다.

레오나르도 다 빈치의 피타고라스의 정리 증명 방법

우리가 너무도 잘 알고 있는 〈모나리자〉를 그린
레오나르도 다 빈치가 피타고라스의 정리를
증명했던 방법을 소개합니다.

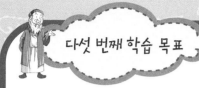

다섯 번째 학습 목표

1. 레오나르도 다 빈치가 피타고라스의 정리를 증명한 방법을 알아봅니다.

2. 여타의 피타고라스의 정리 증명 방법과 레오나르도 다 빈치의 증명 방법의 차이를 비교해 봅니다.

미리 알면 좋아요

레오나르도 다 빈치 1452년 피렌체에서 출생하였으며 어릴 때부터 수학을 비롯한 여러 학문을 배웠고, 음악에 재주가 뛰어났으며 유달리 그림 그리기를 즐겼습니다. 그는 만년에 이르러 과학에도 관심을 갖고 수많은 소묘를 남겼으며 특히 인체 해부도를 묘사한 그림은 후에 인체 묘사와 의학 발전에도 큰 영향을 미쳤습니다. 과학적 연구는 수학, 물리학, 천문학, 식물학, 토목, 기계 등 다방면에 이르며 그의 연구 결과가 19세기 말에 주목을 받으면서 천재성이 널리 알려졌습니다. 현재 그의 기록은 23권의 책으로 남아 있습니다. 그의 명성은 〈최후의 만찬〉이나 〈모나리자〉와 같은 뛰어난 예술 작품들에서 비롯되는데, 그는 르네상스를 대표하는 가장 위대한 예술가일 뿐만 아니라, 지구상에 생존했던 가장 놀라운 천재 중 한 사람이라고 할 수 있습니다.

피타고라스의
다섯 번째 수업

레오나르도 다 빈치,
1452~1519

이번엔 앞에서 알아보았던 인도의 수학자 바스카라보다 약 350년 후인 1452년 이탈리아에서 태어난, 우리가 너무나도 잘 알고 있는 **레오나르도 다 빈치**Leonardo da Vinci, 1452~1519가 피타고라스의 정리를 증명한 방법에 대하

르네상스 14세기~16세기에, 이탈리아를 중심으로 하여 유럽 여러 나라에서 일어난 인간성 해방을 위한 문화 혁신 운동. 도시의 발달과 상업 자본의 형성을 배경으로 하여 개성·합리성·현세적 욕구를 추구하는 반反중세적 정신 운동을 일으켰으며, 문학·미술·건축·자연 과학 등 여러 방면에 걸쳐 유럽 문화의 근대화에 사상적 원류가 되었다.

❹ 여 알아보기로 합시다.

여러 사람들이 증명하는 방법을 살펴보면 그들의 학문적 배경과 당시의 수학적 환경에 따라 그 방법이 다른 것을 알 수 있습니다. 우리는 레오나르도 다 빈치를 르네상스❹ 시기에 다방면으로 연구와 활동을 활발하게 한 사람으로 알고 있습니다. 이처럼 그는 화가이자 조각가라 할 수 있는 예술가이기도 하며, 엄연한 과학자이기도 하고 기술자

피타고라스가 들려주는 피타고라스의 정리 이야기

이자 철학자이기도 하였습니다.

　과학 기술 분야에 남긴 업적만 보더라도 물리학, 역학, 광학, 천문학, 지리학, 해부학, 기계공학, 토목공학, 식물학, 지질학 등에 걸쳐 광범위하게 연구했음을 알 수 있습니다.

　그는 체계적으로 수학을 연구한 수학자는 아니었지만 위에서 열거한 바와 같이 다방면에 걸친 천재성으로 피타고라스의 정리를 다른 사람들과는 차별화된 독특한 방법으로 증명하였습니다.

　그러면 이제부터 〈모나리자〉[5]의 신비한 미소 ❺를 그려 낸 레오나르도 다 빈치가 과연 어떤 방식으로 나 피타고라스가 2500여 년 전에 알아내고 증명했던 피타고라스의 정리를 다시 증명했는지 설명하겠습니다.

❺ 모나리자 이탈리아의 화가 레오나르도 다 빈치가 피렌체의 부호 프란체스코 데 조콘다의 부인 엘리자베타를 그린 초상화. 정숙한 여인의 신비스러운 미소로 유명하다.

　다음 그림을 보세요.

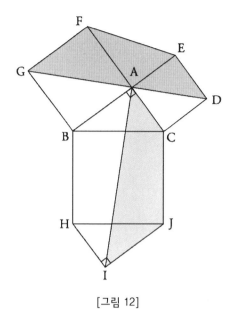

[그림 12]

우선 △ABC는 ∠A가 직각인 직각삼각형입니다.

또한 □ACDE는 변 AC를 한 변으로 하는 정사각형이고, □
ABGF는 변 AB를 한 변으로 하는 정사각형이며, □BCJH는 변
BC를 한 변으로 하는 정사각형입니다.

레오나르도 다 빈치도 다른 사람들과 같이

□ACDE + □ABGF = □BCJH임을 보여서 피타고라스의
정리가 성립함을 증명하려고 합니다.

그런데 다른 사람들과는 다르게 레오나르도 다 빈치는 새로운 삼각형 △IJH를 하나 더 추가하고 있습니다.

△IJH는 △ABC와 합동인 직각삼각형입니다.

보조선으로 $\overline{GD}$와 $\overline{AI}$를 그려 넣으면 □DEFG ≡ □DCBG ≡ □IHBA ≡ □ACJI가 됩니다.

따라서 육각형 BCDEFG 와 육각형 ABHIJC는 넓이가 같게 됩니다.

따라서 두 육각형에서 각각 △ABC와 합동인 삼각형을 두 개씩 빼면 나머지 부분의 넓이는 서로 같게 됩니다.
즉 육각형 BCDEFG − △AEF − △ABC = □ABGF + □ACDE 가 되고, 육각형 ABHIJC − △ABC − □IJH = □BCJH가 되어 □ABGF + □ACDE = □BCJH가 됩니다.
이제 피타고라스의 정리가 증명되었습니다.

　　자, 여러분은 레오나르도 다 빈치의 증명 방법을 어떻게 생각하나요?

　　내가 보기엔 그는 예술가이면서 기술자였기 때문에 수학적이며 분석적인 생각보다는 도형의 전체적인 모양과 그 기능에 착안하여 직관적이면서도 독특한 증명 방법을 고안해 놓은 것으로 생각합니다.

∴다섯번째
수업 정리

레오나르도 다 빈치의 증명 방법

피타고라스와 유클리드의 중간적인 방법으로 두 사람의 증명 방법을 적절히 혼합하고 있습니다. 기본적으로는 삼각형이나 사각형의 넓이를 활용하여 특정 도형의 넓이가 서로 같음을 보이는 방법을 사용하여 증명하고 있습니다.

대수적 방법을 이용한
피타고라스의 정리
증명 방법

대수적 방법을 이용해
피타고라스의 정리를 증명해 봅니다.

1. 피타고라스의 정리의 대수적 증명 방법을 알아봅니다.

2. 여타의 피타고라스의 정리 증명 방법과 대수적 증명 방법의 차이를 비교해 봅니다.

미리 알면 좋아요

1. 대수적 증명 방법 변수를 문자와 수식 등을 사용하여 나타내면서 증명하는 방법을 말합니다.

2. **이차방정식** 2개의 근을 갖는 방정식으로 인수분해나 근의 공식을 이용하여 근 또는 해를 구할 수 있으며, 두 개의 실근實根, 중근重根 또는 두 개의 허근虛根을 갖습니다.

피타고라스의
여섯 번째 수업

　이번 수업에서 소개하는 피타고라스의 정리를 증명하는 방법
은 지금까지 앞에서 보여 주었던 방법과는 전혀 다른 방법이라
고 할 수 있습니다. 지금까지의 증명 방법은 대개 주어진 직각
삼각형을 둘러싸고 있는 도형들을 분할하거나 보조선을 그어
각 도형들이 갖는 성질들을 이용한 추론에 의한 증명 방법이라
고 할 수 있습니다.

그러나 지금부터는 주어진 직각삼각형의 세 변의 길이를 그림에 등장하는 도형의 면적 계산과 연결시켜 곧바로 대수적으로 변형시킨 후 피타고라스의 정리를 상징하는 다음의 수식으로 귀결시키는 방법을 통해 알아볼 것입니다.

중요 포인트

$$a^2 + b^2 = c^2$$

주어진 직각삼각형 ABC의 빗변의 길이가 c이고, 나머지 두 변의 길이가 각각 a, b인 경우 성립한다.

이와 같은 대수적 방법이 앞에서 소개한 증명 방법에 들어 있지 않은 이유는 나 피타고라스가 활동할 때는 물론이고 앞에서 설명했던 수학자들이 활동하던 시기에도 대수적인 표현 방법이나 계산의 과정이 아직 발달하지 못했기 때문입니다.

그렇다면 다음의 그림을 보면서 피타고라스의 정리를 대수적인 방법으로 증명해 보겠습니다.

피타고라스가 들려주는 피타고라스의 정리 이야기

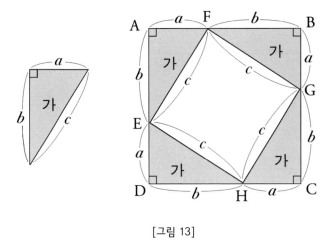

[그림 13]

먼저 왼쪽의 직각삼각형과 합동인 직각삼각형 4개를 오른쪽
과 같이 배열하여 한 변의 길이가 $(a+b)$인 정사각형 ABCD를
만듭니다.

정사각형 ABCD의 넓이를 구하는 방법은 두 가지로 생각해
볼 수 있습니다.

첫째, 그림의 가와 같은 직각삼각형이 4개, 그리고 한 변의 길
이가 c인 정사각형 1개로 이루어진 것을 이용하는 경우에는 다
음과 같이 그 넓이를 대수식으로 나타낼 수 있습니다.

$$4 \times \left(\frac{1}{2} \times a \times b \right) + c^2 = 2ab + c^2 \cdots\cdots\cdots\cdots ①$$

둘째, 한 변의 길이가 $(a+b)$인 정사각형임을 이용하는 경우에는 다음과 같이 그 넓이를 대수식으로 나타낼 수 있습니다.

$$(a+b) \times (a+b) = (a+b)^2 \cdots\cdots\cdots\cdots\cdots\cdots ②$$

①, ②를 통해 다음을 알 수 있습니다.

$$2ab + c^2 = (a+b)^2$$
$$= a^2 + 2ab + b^2$$

즉
$$c^2 = a^2 + b^2$$

이렇게 해서 피타고라스의 정리가 증명이 되었습니다.

어때요? 앞에서 다루었던 방법과는 다르게 깔끔하고 또 명쾌하지 않나요?

본래 대수적 방법은 수와 식을 사용하여 수학적인 생각을 함축적이면서도 경제적인 방법으로 나타낼 수 있게 해 줍니다. 추

상적이라는 단점이 있지만 간단 명쾌한 방법이지요. 이러한 방법을 나 피타고라스의 시대에는 모르고 있었기에 여러 가지로 수학을 연구하는 데 제한이 많았다고 할 수 있습니다.

그런데 나 피타고라스가 어떻게 이런 대수적 방법을 사용해서 설명을 할 수 있느냐고요?

그야 물론 여러분들에게 설명을 해 주기 위해 나름대로 대수적 방법에 대한 공부를 했지요, 하하하……

여섯번째
수업 정리

1 대수적 증명 방법

특정 사람의 증명 방법이라기보다는 앞에서 열거한 증명 방법과는 다른 방법으로 주로 수식과 등식을 사용하는 증명법입니다.

2 피타고라스의 정리를 증명하는 방법들을 크게 나누어 보면 '기하학적 방법'과 '대수적 방법'으로 나누어 볼 수 있는데, 기하학적 증명 방법의 대표적인 예는 유클리드의 방법이고, 대수적 증명 방법의 대표적인 예는 현재의 증명 방법이라고 할 수 있습니다.

원의 성질에 의한
피타고라스의 정리
증명 방법

원과 접선, 할선 간의 관계를 이용하여
피타고라스의 정리를 증명하는 과정을 다룹니다.

1. 원의 성질을 이용한 피타고라스의 정리의 증명 방법을 알아봅니다.

2. 여타의 피타고라스의 정리 증명 방법과 원의 성질을 이용한 증명 방법의 차이를 비교해 봅니다.

미리 알면 좋아요

1. 원의 성질 원의 성질을 정리해 보면 다음과 같습니다.

① 중심각과 호, 현

  – 한 원 또는 합동인 두 원에서 크기가 같은 두 중심각에 대한 호의 길이와 현의 길이는 각각 같습니다.

  – 한 원 또는 합동인 두 원에서 길이가 같은 두 호 또는 두 현에 대한 중심각의 크기는 서로 같습니다.

② 현의 수직이등분선

  – 원의 중심에서 현에 내린 수선은 이 현을 수직이등분합니다.

  – 현의 수직이등분선은 이 원의 중심을 지납니다.

③ 현의 길이

  – 한 원 또는 합동인 두 원에서 중심으로부터 같은 거리에 있는 두 현의 길이는 같습니다.

  – 길이가 같은 두 현은 원의 중심으로부터 같은 거리에 있습니다.

2. **원의 접선과 할선** 원과 한 점에서 접하는 직선을 접선이라 하고, 원과 두 점에서 만나는 선을 할선이라고 합니다.

피타고라스의
일곱 번째 수업

이번엔 피타고라스의 정리를 원의 성질을 이용해서 증명하는 방법을 알아보겠습니다. 이 방법도 앞에서 보여 주었던 방법들과는 다른 방법이라고 할 수 있습니다. 앞의 증명 방법에서는 삼각형이나 사각형 또는 육각형 등의 다각형이 등장했지만 여기서는 다각형이 아닌 원이 등장하게 됩니다.

원은 다각형과는 달리 각진 부분이 없기 때문에 이질적인 성질을 갖는 도형입니다. 그러나 원의 성질 중에 접선과 관련된 내용이 있기 때문에 직각을 비롯한 여러 종류의 각들이 등장할 수 있게 됩니다. 따라서 피타고라스의 정리를 원을 이용하여 증명할 수 있습니다.

보다 상세히 설명하면 여기서의 증명 방법은 원과 접선과의 관계에서 나오는 성질과 대수적인 방법이 혼합되어 비교적 간단하게 피타고라스의 정리가 증명됩니다.

피타고라스가 들려주는 피타고라스의 정리 이야기

그럼 지금부터 그림을 보면서 원을 이용한 증명 방법을 설명
하겠습니다.

우선 원과 접선이 서로 관련되어 만들어지는 성질 중에 여러
분은 다음의 성질을 미리 알고 있어야만 합니다.

정리

원 O 밖의 한 점 P에서 원 O에 접선 $\overline{PH}$와 할선 $\overline{PQ}$를 그리면 다음이 성립됩니다.

$$\overline{PH}^2 = \overline{PR} \times \overline{PQ}$$

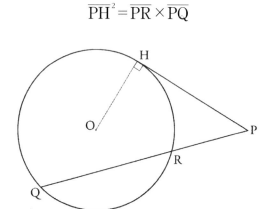

[그림 14]

위의 성질을 다음의 그림에 적용해 보기로 하겠습니다.

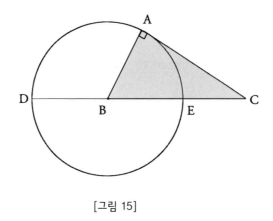

[그림 15]

그림에서 점 B는 원의 중심이고 점 A는 점 C에서 원에 그은 접선이 원과 접하는 한 점접점입니다.

그리고 점 E는 원의 중심을 통과하는 할선 $\overline{CD}$가 원과 만나는 점입니다.

이제 위의 정리를 이용해서 식으로 나타내 보면 다음과 같습니다.

$$\overline{AC}^2 = \overline{CE} \times \overline{CD}$$
$$= (\overline{BC} - \overline{BE}) \times (\overline{BC} + \overline{BD})$$
$$= (\overline{BC} - \overline{AB}) \times (\overline{BC} + \overline{AB})$$
$$= \overline{BC}^2 - \overline{AB}^2$$

즉 앞의 그림 안에 있는 직각삼각형 ABC의 세 변 사이의 관계는 다음을 만족시키게 됩니다.

$$\overline{BC}^2 = \overline{AB}^2 + \overline{AC}^2$$

따라서 피타고라스의 정리가 증명되었습니다.

이 증명 방법은 원과 접선, 할선과의 관계를 알고 있는 경우 사용할 수 있는 대수적인 증명 방법으로, 깔끔하면서도 명쾌한 증명 방법이라고 할 수 있습니다.

피타고라스가 들려주는 피타고라스의 정리 이야기

일곱번째
수업 정리

❶ 원의 접선과 할선의 길이 사이의 관계를 이용한 증명 방법

접선과 할선의 성질을 알고 있는 경우 비교적 간단하면서 쉽게 이해할 수 있는 증명 방법입니다. 직각삼각형의 직각이란 원의 접선과 중심에서 접점에 내린 선분이 직교한다는 데서 착안한 증명 방법입니다.

❷ 수학을 공부할 때나 문제를 풀 때 이미 학습한 내용이나 개념, 원리를 현재 공부하는 수학적 내용과 적절히 연결 지어서 같이 생각해 보는 습관이 매우 중요합니다.

오려붙이기에 의한 피타고라스의 정리 증명 방법

종이 오려붙이기와 같이 주어진 정사각형을 여러 가지 방법으로 오려서 새로운 도형으로 재구성하는 방식으로 피타고라스의 정리를 증명하는 방법을 다룹니다.

1. 오려붙이기의 방법으로 피타고라스의 정리를 증명하는 방법을 알아봅니다.

2. 여타의 피타고라스의 정리 증명 방법과 오려붙이기의 방법에 의한 증명 방법의 차이를 비교해 봅니다.

미리 알면 좋아요

기하학적 증명 방법 유클리드가 《원론》에서 주로 사용한 증명 방법으로 수식이나 변수를 사용하지 않은 증명 방법입니다.

피타고라스의
여덟 번째 수업

이번엔 앞에서 역사적으로 유명한 사람들이 보여 주었던 증명 방법과는 조금 다른, 색다르면서도 재미있는 증명 방법을 소개하려고 합니다. 엄격하게 말한다면 수학적인 증명이라고 보기는 어렵지만 어느 정도는 수학적 정밀성을 갖추고 있다고 생각합니다.

수학은 처음부터 완벽성, 정확성, 엄밀성 등을 갖춘 형태로 등장했던 것은 결코 아닙니다. 초기엔 오히려 잘 다듬어지지도 않았고 정확성도 많이 떨어지는 상태에서 수학자들의 머릿속에 순간적으로 떠오르는 거친 상태의 아이디어가 여러 사고와 검토 과정을 거쳐 점차 세련되게 발전한 것입니다.

　여기서 소개하는 피타고라스의 정리를 증명하는 여러 가지 방법들은 수학적으로 부족한 점이 있을 수도 있습니다. 여러분은 완벽한 상태로 책에 있는 그대로를 받아들이는 것이 아니라 어느 정도 거칠긴 하지만 마치 수학자들이 그 내용을 처음 알아냈을 때처럼 생각을 해 보는 과정이 보다 중요합니다. 이러한 과정을 거쳐서 공부를 한다면 여러분은 수학적 내용에 대해 참다운 이해를 할 수 있고 수학을 재미있고 의미 있게 공부할 수 있습니다.

　자, 그러면 다음의 그림을 보면서 설명을 계속하겠습니다.
　여러분은 가능하면 색종이 등을 준비해서 주어진 그림에 대고 본을 뜬 다음, 오려 내어 다시 배열하여 붙여 보는 방식으로 직접 해 보는 것이 좋겠습니다.

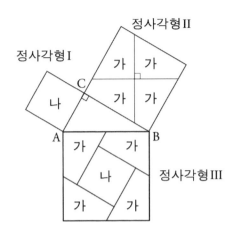

[그림 16]

△ABC는 ∠C가 직각인 직각삼각형입니다.

그리고 △ABC의 세 변 각각을 한 변으로 하는 정사각형 세 개가 각 변 위에 그려져 있습니다. 이 방법도 역시 직각삼각형의 세 변 위에 각 변을 한 변으로 하는 정사각형의 넓이를 가지고 피타고라스의 정리를 증명하는 방법을 취하고 있습니다.

[그림 16]에서 보듯이 오른쪽 위에 있는 정사각형 II는 중심을 지나면서 변 AB에 평행, 그리고 수직이 되는 두 선분에 의해서 4등분이 되어 있습니다.

이때 만들어지는 네 개의 사각형 '가' 들은 서로 합동임을 직관적으로 알 수 있습니다.

이제 이 네 개의 사각형 '가' 들과 정사각형 I을 다시 재배열하여 놓으면 정사각형 III과 같이 됨을 알 수 있습니다.
이것을 확인하기 위해서는 [그림 16]과 같은 모양으로 색종이를 오려서 배열을 해 보면 어떤 직각삼각형에서나 반드시 성립함을 알 수 있습니다.

[그림 16]과 같은 형태의 방법이긴 하지만 정사각형들을 나누는 방법이 다소 새로운 경우를 하나 더 소개하겠습니다.

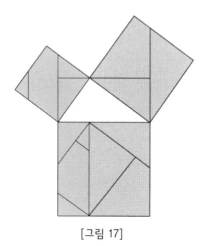

[그림 17]

피타고라스가 들려주는 피타고라스의 정리 이야기

가운데 있는 삼각형은 직각삼각형입니다.

왼쪽 위에 있는 보라색 정사각형을 그림과 같이 네 조각으로 자르고, 오른쪽 위의 회색 정사각형 역시 그림과 같이 세 조각으로 자릅니다.

이들 잘려진 도형들을 밑에 있는 정사각형 그림처럼 배열하면 그 정사각형을 완전히 덮을 수 있게 됩니다.

이로써 보라색과 회색 정사각형의 넓이의 합이 그 밑에 있는 가장 큰 정사각형의 넓이와 같게 된다는 것을 확인하여 피타고라스의 정리를 증명했습니다.

어떻습니까?

앞에서 보여 준 두 가지 방법은 작은 두 정사각형을 마치 종이자르기처럼 잘 오려서 이를 다시 배열하여 큰 정사각형을 만드는 것으로, 재미는 있지만 수학적으로 보이지 않을 수도 있습니다. 그러나 작은 두 정사각형을 자를 때 아무 생각 없이 자르는 것이 아니라 도형들 간의 성질을 고려하여 치밀한 계획하에 자르는 것입니다.

그래서 여기 제시된 오리기의 방법 외에 다른 오리기 방법을 찾아내는 것은 굉장히 어려우면서도 창의적인 작업이 되지요.

여러분도 나름대로의 방법을 찾아보는 데 한번 도전해 보세요.

피타고라스가 들려주는 피타고라스의 정리 이야기

여덟번째
수업 정리

① 오려붙이기 방법

이름처럼 직각삼각형의 짧은 두 변의 길이를 각각 한 변의 길이로 하는 정사각형 도형을 여러 가지 방식으로 분할하고, 이를 다시 붙여 빗변 길이를 한 변의 길이로 하는 정사각형 도형으로 구성함을 보여 주는 증명 방법입니다.

② 직관적 증명 방법

완전한 증명 방법이라고 할 수는 없어도 수학을 공부하거나 수학 문제를 풀 때 직관적 아이디어를 내는 것은 중요합니다. 직관적으로 생각해 낸 아이디어는 반드시 그 진위를 확인해야 함을 명심해야 합니다.

폴리아의
피타고라스의 정리
증명 방법의 일반화

20세기 문제 해결 교육과 관련하여 중요한 업적을 남기고 있는 폴리아가 피타고라스의 정리 증명 방법을 일반화한 내용을 다루고 있습니다.

폴리아의 피타고라스의 정리 증명 방법의 일반화를 알아봅니다.

미리 알면 좋아요

폴리아Polya 폴리아는 '수학적 발견술'을 20세기에 부흥하게 한 수학자로 그의 발견술은 수학적 문제 해결을 위한 사고 교육입니다. 폴리아는 문제 해결의 단계를 4단계문제에 대한 이해 → 계획 → 실행 → 반성의 단계로 보았습니다.

피타고라스의
아홉 번째 수업

지금까지 앞에서 알아본 피타고라스의 정리를 증명하는 방법
들은 대부분 주어진 직각삼각형의 세 변 위에 만들어진 도형의
넓이를 이용했습니다. 그리고 그때 사용하는 도형은 모두 정사
각형임을 볼 수 있었습니다.

피타고라스의 정리를 식으로 표현해 보면 다음과 같은데 이
것은 바로 직각삼각형의 세 변 위에 각 변의 길이를 한 변으로

하는 정사각형의 넓이와 같기 때문입니다.

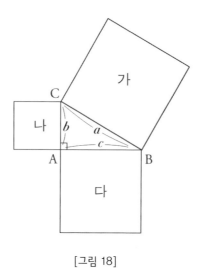

[그림 18]

폴리아, 1887~1985

이에 대해서 헝가리의 수학자인 폴리아George Polya, 1887~1985는 직각삼각형의 각 변 위에 놓이는 도형이 정사각형일 때뿐만 아니라 세 개의 도형이 닮은 도형들이라면 즉 세 변이 각각 세 개의 닮은 도형의 일부분이 되게 그려 놓으면 빗변 위에 놓인 도형

피타고라스가 들려주는 피타고라스의 정리 이야기

의 넓이가 나머지 두 변 위에 놓인 도형의 넓이의 합과 같다는

것을 증명하였습니다.

폴리아가 피타고라스의 정리를 증명하는 방법을 소개하면 다

음과 같습니다.

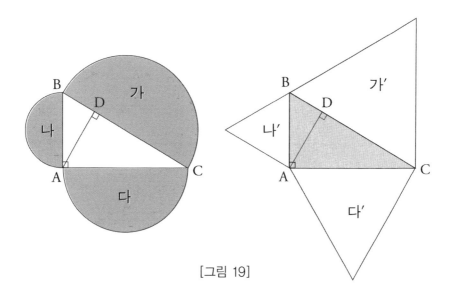

[그림 19]

그림의 △ABC는 ∠A가 직각인 직각삼각형입니다.

다음 각 변인 $\overline{AC}$, $\overline{BC}$, $\overline{AB}$ 위에 각 변을 한 부분으로 하고, 서로 닮음인 평면도형_{반원, 정삼각형}을 그립니다.

그리고 점 A에서 변 BC에 수선 AD를 그리면 △ABC∽△DAC∽△DBA가 됩니다.

그런데 △ABC∽△DBA 이므로 $\overline{BC}:\overline{AB} = \overline{AB}:\overline{BD}$입니다.

즉 $\overline{AB}^2 = \overline{BC} \times \overline{BD}$입니다.

그리고 $\overline{BC}:\overline{BD} = \overline{BC}:\dfrac{\overline{AB}^2}{\overline{BC}} = \overline{BC}^2:\overline{AB}^2$ 입니다.

$\overline{BC}$와 $\overline{AB}$는 각각 닮음 도형인 가와 나의 대응 부분이므로

$\overline{BC}^2:\overline{AB}^2 =$ 가 : 나가 됩니다.

따라서 $\overline{BC}:\overline{BD} =$ 가 : 나입니다.

같은 방법으로 $\triangle ABC \backsim \triangle DAC$가 되므로

$\overline{BC}:\overline{CD} =$ 가 : 다입니다.

따라서 $\overline{BC} = \overline{BD} + \overline{CD}$이므로

가 = 나 + 다입니다.

폴리아의 증명 방법

피타고라스의 정리를 증명하는 대부분의 방법은 직각삼각형의 세 변의 길이를 각각 한 변으로 하는 정사각형의 넓이를 이용합니다. 그러나 폴리아가 피타고라스의 정리를 증명하는 일반화 방법에서는 직각삼각형의 각 변에 닮은 도형을 만들어 그 도형들의 넓이를 이용합니다.

피타고라스의 정리
역증명

이제 피타고라스의 정리의 다양한 증명 방법의 소개가
끝나고, 이번엔 피타고라스의 정리의 역증명을 다루는
내용입니다.

피타고라스의 정리의 역의 의미를 알아봅니다.

미리 알면 좋아요

1. **명제** 참과 거짓이 분명하게 결정되는 '……이면 ……이다' 방식으로 진술된 문장이나 수식을 명제라고 합니다. 그리고 명제 'p이면 q이다'를 기호로는 '$p \to q$'와 같이 나타냅니다. 명제 'p이면 q이다'에서 p를 가정, q를 결론이라고 합니다.

2. **명제의 역** 명제 'p이면 q이다'에서 가정과 결론을 바꾸어 놓은 명제 'q이면 p이다'를 처음 명제의 역이라고 합니다.

피타고라스의
열 번째 수업

지금까지 여러분은 나 피타고라스 시절부터 20세기에 이르기까지 2500여 년 정도의 긴 시간 여행을 했습니다. 각 시기마다 당시의 수학적 배경에 따라 독특한 방법으로 피타고라스의 정리를 증명하고 있음을 살펴보았습니다.

이런 다양한 증명 방법은 좋다, 나쁘다를 가릴 수 없을 뿐 아니라 그것을 가려낼 필요도 없다는 생각이 듭니다. 다만 여러분들이 수학의 모든 정리나 성질들을 증명할 때 다양한 방법이 존재한다는 사실을 경험하는 것이 중요합니다.

여러분이 배우고 있는 수학 교과서에 나오는 많은 문제들을 풀어 내는 방법 또한 한 가지만 있는 것이 결코 아닙니다. 한 문제를 두고 여러 가지 방법으로 풀어 보려고 노력하고, 또 실제로 풀 수 있다면 수학 공부를 제대로 하는 것이라 할 수 있습니다.

이것은 나 피타고라스만의 생각이 아니라 그동안의 여러 수학자들이 몸소 실천해 온 것으로 수학을 공부하는 아주 좋은 습관이며 방법입니다.

자, 지금부터는 이제까지 살펴본 내용과는 완전히 다른, 피타고라스의 정리의 새로운 측면을 살펴보고자 합니다.

모든 직각삼각형의 빗변의 길이의 제곱은 나머지 두 변의 길이의 각각의 제곱의 합과 같다.

여러분도 잘 알다시피 이것은 피타고라스의 정리입니다.

이 피타고라스의 정리를 다시 아래와 같이 바꾸어서 표현해 볼 수 있습니다.

> 어떤 삼각형이 직각삼각형이면 그 삼각형의 빗변의 길이의 제곱은 나머지 두 변의 길이의 각각의 제곱의 합과 같다.

이를 논리 기호를 사용하여 다시 표현하면 다음과 같이 됩니다.

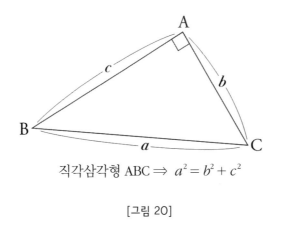

직각삼각형 ABC $\Rightarrow$ $a^2 = b^2 + c^2$

[그림 20]

이제는 이것을 역으로 생각해 보려고 합니다.

어떤 삼각형의 빗변의 길이의 제곱이 나머지 두 변의 각각의 길이의 제곱의 합과 같으면 그 삼각형은 직각삼각형이 된다.

이것이 참인지 알아봅시다.

이것은 다름이 아니라 '피타고라스의 정리의 역'이 성립하는가를 알아보고자 하는 것입니다. 즉 '어떤 삼각형이 직각삼각형이면 빗변의 길이의 제곱이 나머지 두 변의 길이 각각의 제곱의 합과 같게 된다'는 피타고라스의 정리의 역인 '어떤 삼각형의 가장 긴 변의 길이의 제곱이 나머지 두 변의 각각의 길이의 제곱의 합과 같으면 그 삼각형은 직각삼각형이다'가 참이 되는지 알아봅시다.

여러분은 이 피타고라스의 정리의 역에 대하여 어떻게 생각하나요? 그 역이 성립할까요, 성립하지 않을까요?

그야 당연히 성립하는 것 아니겠냐고요?

만일 이 대답이 어떤 정리의 역은 본래 그 정리가 참인 경우 그 역도 당연히 참이 된다는 생각에서 나온 것이라면 수학을 공부하는 사람으로서 매우 위험천만하고 잘못된 생각입니다.

수학에서 참인 정리나 명제를 그 역도 참인 것으로 생각하는 경우가 있습니다. 하지만 그 역을 증명해 보지 않고서 느낌만으로 참이 될 것이라는 생각은 수학을 공부하는 사람으로서의 바른 자세가 아닙니다. 그래서 피타고라스의 정리의 경우도 그 역의 참과 거짓을 증명을 통해 밝혀 볼 필요가 있습니다.

자, 그러면 이제부터 피타고라스의 정리의 역이 참인지 거짓인지를 알아보도록 하겠습니다.

우선 피타고라스의 정리의 역을 다음과 같이 문장으로 간단히 표현하겠습니다.

'$a^2 + b^2 = c^2$'을 만족하는 세 양수 a, b, c를 각각 세 변의 길이로 갖는 삼각형이 있다면, 그 삼각형은 길이가 c인 변의 대각이 직각이 되는 직각삼각형이 된다.

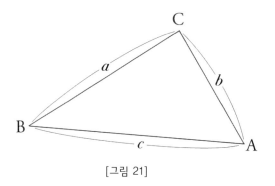

[그림 21]

이를 증명하기 위해서 다음 그림과 같은 직각삼각형을 생각해 보기로 합시다.

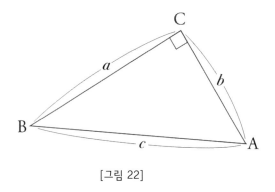

[그림 22]

피타고라스의 정리에 의해서 이 직각삼각형의 변 AB는 '$a^2 + b^2 = c^2$'을 만족시키는 c가 됩니다.

[그림 21]과 [그림 22]에 있는 두 삼각형은 세 변의 길이가 서로 같은 a, b, c를 갖기 때문에 합동인 삼각형이 되고 [그림 21]의 ∠C는 [그림 22]와 마찬가지로 직각이 됩니다.

따라서 [그림 21]의 삼각형은 직각삼각형이 됩니다.

이제 이 피타고라스의 정리의 역을 이용해서 주어진 삼각형 세 변의 길이 사이의 관계로부터 예각, 직각, 둔각 중 어떤 삼각형이 되는지를 알 수 있게 됩니다.

$a^2 + b^2 > c^2$ 이면 **예각삼각형**

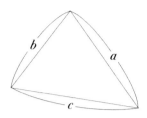

$a^2 + b^2 = c^2$ 이면 **직각삼각형**

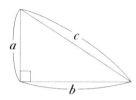

$a^2 + b^2 < c^2$ 이면 **둔각삼각형**

∴열번째
수업 정리

❶ 피타고라스의 정리모든 직각삼각형 빗변의 길이의 제곱은 나머지 두 변의

길이 각각의 제곱의 합과 같다의 역은 '어떤 삼각형의 빗변의 길이의 제

곱이 나머지 두 변의 각각의 길이의 제곱의 합과 같으면 그 삼각

형은 직각삼각형이 된다' 가 됩니다.

❷ 피타고라스의 정리의 역도 참임을 증명할 수 있습니다.

피타고라스의 정리를 평면도형에 활용

앞에서 이해한 피타고라스의 정리를 학교 수학의 평면
도형에 적용 또는 활용해 보는 내용을 다룹니다.

피타고라스의 정리를 평면도형에 활용해 봅니다.

미리 알면 좋아요

1. **좌표계** 데카르트에 의하여 처음 발명되었습니다. 주로 평면 위의 점 위치를 대수적인 방법으로 나타내기 위해 두 개의 직교좌표축을 설정하여 나타내는 방법으로 이를 평면좌표계라 하고, 다시 좌표축을 하나 더 설정하여 3차원 공간으로 확장한 것을 공간좌표계라 합니다.

2. **제곱근** 실수 a와 자연수 n에 대하여 $x^n = a$를 만족시키는 x가 존재할 때, 이 x의 값을 a의 n제곱근이라 하고, 특히 $n = 2$일 경우를 제곱근이라고 합니다. 양의 실수로서 a의 제곱근이 되는 것을 $\sqrt{a}$로 나타냅니다.

피타고라스의
열한 번째 수업

여러분은 피타고라스의 정리가 어떤 기하학적인 성질을 말하는 것이고, 그 성질이 왜 참이 되는지 여러 가지 방법으로 증명하는 것을 보았습니다.

지금부터는 이 피타고라스의 정리를 학교에서 배우는 수학에서 어떻게 활용할 수 있는지 나 피타고라스가 여러분의 수학 선생님이 되어서 찬찬히 이해하기 쉽게 설명하겠습니다.

여기서 설명하고자 하는 내용들은 결국 '피타고라스의 정리는 직각삼각형의 세 변의 길이들 사이에서 항상 만족하는 성질'이라는 것입니다. 즉 어떤 직각삼각형이라도 그 직각삼각형의 세 변의 길이 중 두 변의 길이만 안다면 나머지 한 변의 길이는 직접 재어 보지 않아도 계산을 통해 구할 수 있다는 것이지요.

이번 수업에서는 피타고라스의 정리를 적용하여 좌표 평면 위의 두 점 사이의 거리를 구하거나, 직사각형의 대각선의 길이를 알아내거나, 평면도형에서의 특정 선분의 길이를 구하는 내

피타고라스가 들려주는 피타고라스의 정리 이야기

용을 공부하게 됩니다.

  제일 먼저 좌표평면 위의 서로 다른 두 점 사이의 거리를 구
하는 경우를 생각해 보도록 합시다.

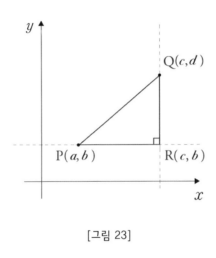

[그림 23]

  좌표평면 위의 서로 다른 두 점 P(a, b)와 Q(c, d)를 지나면
서 각각 x축과 y축에 나란한 직선을 그으면 그 두 직선은 점
R(c, b)에서 만나게 됩니다.

  그리고 ∠R이 직각인 직각삼각형 PQR이 만들어지게 됩니다.

  이 직각삼각형에 피타고라스의 정리를 적용하면 다음과 같이

직각삼각형 PQR의 빗변의 길이가 바로 두 점 P, Q 사이의 거리가 됩니다.

$$\overline{PQ}^2 = \overline{PR}^2 + \overline{QR}^2$$
$$= (c-a)^2 + (d-b)^2$$

따라서

$$\overline{PQ} = \sqrt{(c-a)^2 + (d-b)^2}$$

즉 평면상의 두 점 P(a, b)와 Q(c, d) 사이의 거리는 두 점의 x좌표끼리의 차이의 제곱과 y좌표끼리의 차이의 제곱의 합에 대한 양의 제곱근 값이 됨을 알 수 있습니다.

다음은 직사각형이나 정사각형의 대각선 길이를 구하는 것을 알아보도록 하겠습니다.

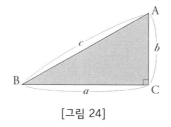

[그림 24]

피타고라스가 들려주는 피타고라스의 정리 이야기

앞의 삼각형은 직각삼각형이기 때문에 피타고라스의 정리에 의해서 세 변의 길이인 a, b, c 사이에 다음과 같은 관계식이 성립합니다.

$$a^2 + b^2 = c^2$$

이 식에서 a, b, c 중 어느 하나를 모를 때는 대수식의 계산에 의해 구할 수 있습니다. 다음과 같이 세 가지 경우로 나누어서 알아보겠습니다.

첫째, a 와 b는 아는데, c를 모르는 경우
$c^2 = a^2 + b^2$이기 때문에
$c = \sqrt{a^2 + b^2}$이 됩니다.

둘째, a와 c는 아는데, b를 모르는 경우
$b^2 = c^2 - a^2$이기 때문에
$b = \sqrt{c^2 - a^2}$이 됩니다.

셋째, b와 c는 아는데, a를 모르는 경우

$a^2 = c^2 - b^2$이기 때문에

$a = \sqrt{c^2 - b^2}$이 됩니다.

그럼 여러분이 사용하는 교과서나 문제집에서 피타고라스의 정리를 이용해 풀 수 있는 문제의 전형적인 경우를 몇 가지 예로 들어서 그 문제를 푸는 방법에 대해 설명하겠습니다.

먼저 직사각형의 대각선 길이를 구하는 문제입니다.

다음 그림처럼 직사각형의 가로와 세로의 길이는 알고 있는 상태에서 대각선의 길이를 구하고자 하는 경우입니다.

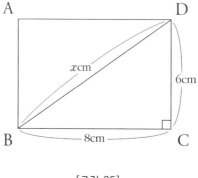

[그림 25]

피타고라스가 들려주는 피타고라스의 정리 이야기

앞의 그림에서 직사각형 ABCD의 대각선 BD는 직각삼각형 BCD의 빗변이 되어 피타고라스의 정리에 따라 다음과 같은 식이 만들어질 수 있습니다.

$$x^2 = 6^2 + 8^2$$

$$x^2 = 36 + 64 = 100$$

$$x = 10$$

따라서 대각선 BD의 길이는 10cm가 됩니다.

다음의 정사각형 대각선의 길이를 구해 봅시다.

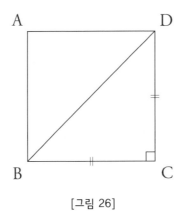

[그림 26]

앞의 직사각형 대각선의 길이와 가로, 세로의 길이만 다를 뿐, 대각선의 길이를 구하는 방식은 같습니다.

이번엔 정삼각형의 높이를 구하는 경우를 알아보기로 합시다. 다음 그림과 같이 한 변의 길이가 8cm인 정삼각형의 높이를 구하는 경우에도 피타고라스의 정리를 사용할 수 있습니다.

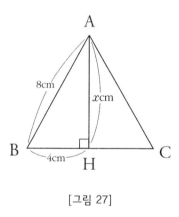

[그림 27]

삼각형 ABH는 직각삼각형이고 수선 $\overline{AH}$는 밑변 $\overline{BC}$를 수직 이등분하기 때문에 $\overline{BH}$의 길이는 4cm가 됩니다. 그리고 여기에 피타고라스의 정리를 적용하면 다음과 같습니다.

$$8^2 = x^2 + 4^2$$

$$x^2 = 8^2 - 4^2$$

$$x^2 = 64 - 16 = 48$$

$$x = \sqrt{48} = 4\sqrt{3}$$

따라서 정삼각형 ABC의 높이는 $4\sqrt{3}$cm가 됩니다.

특히 앞에 나온 정사각형의 대각선과 정삼각형의 높이를 구하는 경우에 나오는 직각삼각형의 경우는 다음 그림에서 보여 주는 것처럼 직각삼각형의 직각 외의 두 각의 크기가 (45°, 45°)와 (30°, 60°)처럼 특별한 경우로, 그때 변의 길이의 비가 어떻게 되는지는 여러분이 잘 기억해 둘 필요가 있습니다.

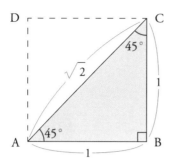

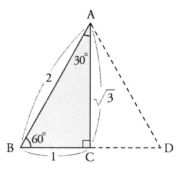

$$\overline{AB}:\overline{BC}:\overline{AC}=1:1:\sqrt{2}$$ $$\overline{AB}:\overline{BC}:\overline{AC}=2:1:\sqrt{3}$$

피타고라스가 들려주는 피타고라스의 정리 이야기

❶ 평면 위의 두 점 P(a, b), Q(c, d) 사이의 거리는 $\sqrt{(c-a)^2+(d-b)^2}$이 됩니다.

❷ 직각삼각형 ABC에서 두 변의 길이를 알고 나머지 한 변의 길이를 알아내기 위해서는 $a^2 + b^2 = c^2$을 이용하면 됩니다.

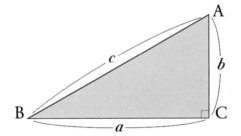

❸ 특별한 직각삼각형 정삼각형의 절반이나, 정사각형의 절반에 해당하는 직

각삼각형의 경우 세 변의 길이의 비를 기억해 둘 필요가 있습니다.

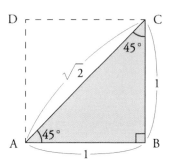

$$\overline{AB} : \overline{BC} : \overline{AC} = 1 : 1 : \sqrt{2}$$

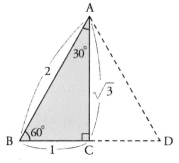

$$\overline{AB} : \overline{BC} : \overline{AC} = 2 : 1 : \sqrt{3}$$

피타고라스의 정리를 입체도형에 활용

피타고라스의 정리를 직육면체나 각뿔, 원뿔의 높이 구하기에 적용하는 내용을 다룹니다.

피타고라스의 정리를 입체도형에 활용해 봅니다.

미리 알면 좋아요

1. 각뿔 다각형의 각 변을 밑변으로 하고 다각형의 평면 밖의 한 점을 공통의 꼭짓점으로 하는, 삼각형과 다각형인 밑면으로 둘러싸인 입체도형입니다. 밑면이 n각형인 각뿔을 n각뿔이라고 합니다.

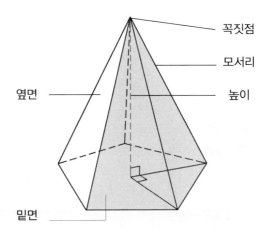

2. 원뿔 평면 위에 원을 정하고, 이 원을 포함하는 평면 밖의 한 점 V를 잡
   습니다. 이때 점 V와 원 위의 각 점을 이은 선분 전체와 이 원의 영역으
   로 이루어지는 입체도형을 원뿔이라고 합니다.

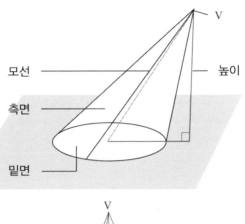

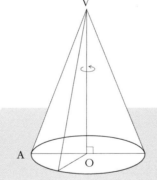

$$\prod \frac{1}{1 - \frac{1}{p^s}} = \sum \frac{1}{n^s},$$

피타고라스의
열두 번째 수업

이번에는 피타고라스의 정리를 입체도형*에 ❻ ⛵
적용해서 그 입체도형 내부 선분의 길이를 구하 **입체도형** 삼차원 공간에서 부
는 방법을 알아보겠습니다. 입체도형이라는 상 피를 가지는 도형
황만 다를 뿐 앞에서 다룬 평면도형과 같은 방법으로 문제를 풀
어 가면 됩니다. 그러면 먼저 직육면체의 대각선 길이를 구하는
경우에 대하여 설명하겠습니다.

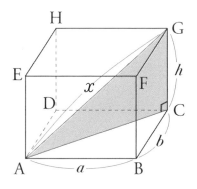

[그림 29]

그림과 같이 직육면체 내부에 생기는 대각선 길이를 구하기

위해서는 그 대각선이 직각삼각형 빗변의 길이가 되도록 직각

삼각형을 생각해 보는 것이 가장 먼저 할 일입니다.

피타고라스가 들려주는 피타고라스의 정리 이야기

[그림 29]에서처럼 직육면체 밑면의 가로 길이는 a, 세로 길이는 b, 높이는 h인 경우 직육면체의 대각선 $\overline{AG}$의 길이를 구해 봅시다.

우선 앞에서 이미 말한 것처럼 $\overline{AG}$를 빗변으로 하는 직각삼각형 ACG를 먼저 찾아야 합니다.

직각삼각형 ACG의 높이는 h로 정해져 있지만 변 AC의 길이는 주어져 있지 않습니다.

이럴 때는 변 AC가 빗변인 직각삼각형 ABC를 찾아서 피타고라스의 정리를 적용하면 두 변이 각각 a와 b로 길이가 주어져 있기 때문에 다음과 같이 변 AC의 길이를 구할 수 있습니다.

$$\overline{AC}^2 = a^2 + b^2$$

이제 직각삼각형 ACG에 피타고라스의 정리를 적용하면,

$x^2 = \overline{AC}^2 + h^2 = (a^2 + b^2) + h^2$이므로

$x = \sqrt{a^2 + b^2 + h^2}$ 이 됩니다.

다음은 원뿔의 높이를 구하는 경우에 어떻게 피타고라스의 정리가 활용되는지 함께 알아보기로 합시다.

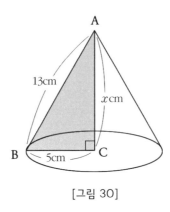

[그림 30]

앞의 그림에서 원뿔 밑면의 반지름은 5cm이고, 모선의 길이는 13cm였다면 원뿔 내부에 있는 원뿔의 높이는 직접 재기가 어렵습니다.

따라서 원뿔의 높이를 알기 위해서는 이 높이를 한 변의 길이로 가지면서 주어진 모선과 밑면의 반지름을 나머지 두 변으로 하는 직각삼각형을 찾아서 피타고라스의 정리를 적용하면 됩니다.

즉 [그림 30]에서 직각삼각형 ABC가 바로 모선과 밑면의 반지름 그리고 높이를 세 변으로 하는 직각삼각형이 됩니다.

이제 이 직각삼각형에 피타고라스의 정리를 적용해 보면 다음 식이 만들어짐을 알 수 있을 것입니다.

$$13^2 = 5^2 + x^2$$
$$x^2 = 13^2 - 5^2 = 169 - 25 = 144$$
$$x = 12$$

즉 주어진 원뿔의 높이는 12cm임을 알 수 있습니다.

이렇게 해서 피타고라스의 정리를 활용해서 풀 수 있는 문제 유형을 알아보았습니다. 여기서 알아본 문제의 유형과 다른 문제가 주어지더라도 잘 생각해 보면 우리가 지금까지 알아본 풀이 방법으로 다 해결할 수 있는 문제들입니다. 앞의 두 수업에서 배운 내용을 잘 이해한 후 앞으로 피타고라스의 정리와 관련된 문제들을 자신 있게 풀기 바랍니다.

① 원뿔이나 각뿔의 높이를 구하고자 하는 경우 피타고라스의 정리를 이용할 수 있습니다.

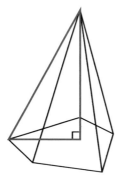 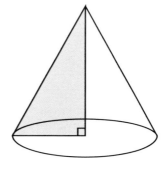

❷ 그림과 같은 직육면체의 가장 긴 대각선의 길이를 구할 때에 도 피타고라스의 정리를 이용할 수 있습니다.

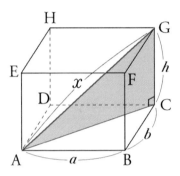

$x^2 = \overline{AC}^2 + h^2 = (a^2 + b^2) + h^2$ 이므로

$x = \sqrt{a^2 + b^2 + h^2}$ 가 됩니다.

피타고라스의 정리 확장

피타고라스의 정리는 직각삼각형에만 해당되는 내용이지만, 예각이나 둔각삼각형의 경우 피타고라스의 정리가 어떤 방식으로 확대 적용될 수 있는지를 다룹니다.

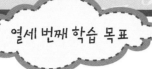

열세 번째 학습 목표

피타고라스의 정리의 확장에 대해서 알아봅니다.

미리 알면 좋아요

평행사변형 사각형 중에서 한 쌍의 대변<small>서로 이웃하지 않는 변</small>이 평행인 것을 사다리꼴, 두 쌍의 대변이 각각 평행인 것을 평행사변형, 4변의 길이가 모두 같은 것을 마름모, 4개의 각이 직각으로 각의 크기가 모두 같은 사각형을 직사각형이라 합니다. 이러한 사각형들 사이의 포함관계를 그림으로 나타내면 다음과 같습니다.

[포함관계]

피타고라스의
열세 번째 수업

피타고라스의 정리는 반드시 직각삼각형에만 성립하는 성질로 일반적인 삼각형에는 성립하지 않습니다. 그러나 직각삼각형이 아닌 일반적인 모든 유형의 삼각형 즉 예각 ❼

삼각형❼이나 둔각삼각형❼의 경우에도 만족하는 비슷한 형태의 성질을 알아내기 위하여 나 피타고라스 이후의 수학자들은 확장되고 일반화된

예각삼각형 내각이 모두 예각인 삼각형

둔각삼각형 세 개의 내각 가운데 하나가 둔각인 삼각형

피타고라스의 정리를 연구해 왔습니다. 그중 고대 그리스의 마지막 위대한 수학자로 알려진 파푸스Pappus, A.D. 290~350가 제시한 피타고라스의 정리의 확장이 주목할 만하여 여러분에게 소개해 주고자 합니다.

우선 파푸스에 대해서 잠시 알아보도록 합시다. 알렉산드리아에서 태어난 파푸스는 유클리드의 《원론》과 같이 파푸스 이전에 출간된 수학책에 대하여 해설을 달아 놓았습니다. 또한 단

파푸스, A.D. 290~350

순한 해설만이 아닌 자신만의 증명 방법을 개발하거나 기존 수학의 정리나 성질을 일반화하는 연구에도 많이 참가했습니다. 파푸스가 집필한 《수학집성Mathematical Collection》은 그 당시까지 알려져 있던 기하학 연구에 대한 해설 및 안내서로써 파푸스 자신이 개발한 명제나 기존의 명제를 정리, 확장 또는 일반화한 내용들이 실려 있습니다.

모두 여덟 권으로 만들어진 《수학집성》은 기하학, 천문학, 역학 등 다양한 분야와 관련된 수학을 논하고 있고 특히 기하학의 내용을 풍부하게 수록하고 있어 그리스 기하학에 관한 현재의 지식은 바로 이 위대한 저술로부터 나온 것이라고 할 수 있습니다.

이 책에서는 30명 이상의 고대 수학자들의 저술을 인용하거나 언급하고 있습니다. 그는 이미 '구球는 같은 겉넓이를 갖는 어떤 정다면체보다 부피가 크다'는 것과 '정다면체는 면의 개수가 많을수록 부피도 따라서 커진다'는 사실을 알아냈습니다.

자, 그럼 이 유명한 수학자 파푸스가 내가 알아낸 피타고라스의 정리를 어떻게 확장 또는 일반화했는지 함께 알아보도록 하지요.

다음 그림을 보면서 설명을 하겠습니다.

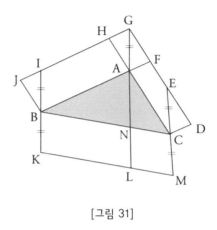

[그림 31]

△ABC는 둔각삼각형입니다. 예각삼각형이나 직각삼각형의 경우에도 지금 설명하는 동일한 방법으로 둔각삼각형에서 보여 주고자 하는 소위 확장된 피타고라스의 정리를 적용할 수 있음을 알 수 있습니다.

우선 복잡해 보이기는 하지만 보조선을 그리는 것에 대하여 설명을 하겠습니다.

제일 먼저 세 개의 선분인 $\overline{IK}$, $\overline{GL}$, $\overline{EM}$을 모두 △ABC의 각 꼭짓점을 지나면서 서로 평행이 되도록 그립니다.

이때 세 선분인 $\overline{BK}$, $\overline{AG}$, $\overline{CM}$의 길이를 같게 그립니다.

점 G에서 △ABC의 두 변 AB와 AC 각각에 평행인 선분을 긋고, 그 선분을 이용하여 변 AB와 AC를 각각 한 변으로 하는 평행사변형 ABJH와 평행사변형 ACDF를 그립니다.

그리고 점 K와 점 L을 연결하여 평행사변형 BCMK를 그립니다.

그러면 도형의 넓이들 사이에 다음의 등식이 성립하게 됩니다.

(평행사변형 ABJH) = (평행사변형 ABIG) = (평행사변형 BKLN)

(평행사변형 ACDF) = (평행사변형 ACEG) = (평행사변형 CNLM)

따라서 (평행사변형 ABJH) + (평행사변형 ACDF) = (평행사변형 BCMK)가 됩니다.

이것은 주어진 삼각형의 작은 두 변에 각각 만들어진 평행사

변형의 넓이의 합이 가장 긴 변에 만들어진 평행사변형의 넓이
와 같게 된다는 것입니다.

그런데 왜 앞의 [그림 31]이 피타고라스의 정리를 확장 또는
일반화한 것인가는 △ABC에서 ∠A가 90°인 아래의 그림을 살
펴보면 알 수 있습니다.

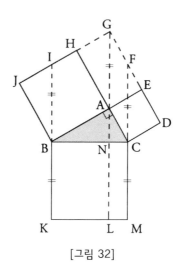

[그림 32]

즉 보조선인 $\overline{BI}$, $\overline{LG}$, $\overline{CF}$를 $\overline{BK}$와 평행이 되게 그리면 앞의
둔각삼각형에서 설명한 모든 성질이 성립함을 알 수 있습니다.
다시 말해, 피타고라스의 정리는 파푸스가 일반화한 정리의 특

별한 경우즉 주어진 삼각형의 가장 긴 변과 마주 보는 각이 직각인 경우라고 할 수 있습니다.

다음 예각삼각형의 경우도 [그림 31]과 동일한 성질을 갖고 있는데 이것은 여러분이 직접 해 보길 바랍니다.

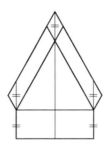

[그림 33]

파푸스의 증명 방법

피타고라스의 정리는 직각삼각형에 국한된 정리이지만 파푸스는 이를 확장하여 직각이 아닌 예각삼각형이나 둔각삼각형의 경우에도 각 유형의 삼각형의 세 변의 길이 사이에 어떤 관계식이 성립하는지를 보여 주고 있습니다.

피타고라스의 정리에
관련한 수학 내용

피타고라스의 정리와 관련하여 파생된
수학 내용에 대하여 다룹니다.

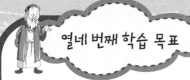

피타고라스의 정리와 관련한 수학에 대해 알아봅니다.

미리 알면 좋아요

1. **지수법칙** 일반적으로 $a>0$, $b>0$이고, m, n이 임의의 실수일 때 지수에 관한 다음 법칙지수법칙이 성립합니다.

   ① $a^m \times a^n = a^{m+n}$

   ② $a^m \div a^n = a^{m-n}$

   ③ $(a^m)^n = a^{mn}$

   ④ $(ab)^m = a^m b^m$

   ⑤ $\left(\dfrac{a}{b}\right)^m = \dfrac{a^m}{b^m}$

2. **페르마**Fermat, 1601~1665 17세기 최고의 프랑스 수학자이며 근대의 정수 이론 및 확률론의 창시자로 알려져 있고, 좌표기하학을 확립하는 데도 크게 기여하였습니다.

3. **페르마의 마지막 정리** '$x^n + y^n = z^n$에서 n이 3 이상의 정수인 경우 이 관계를 만족시키는 자연수 x, y, z는 존재하지 않는다'라는 페르마가 남긴 문제를 말합니다. 이 문제는 앤드루 와일스Andrew Wiles와 그의 제자 리처드 테일러Richard Taylor에 의해 1994년에야 증명되었습니다.

피타고라스의
열네 번째 수업

자, 이제 최초로 체계적이며 일반적인 증명을 했다고 알려진 피타고라스의 정리에 대한 이야기를 마무리할 단계에 와 있습니다.

내가 직접 여러분들에게 설명한 피타고라스의 정리 이야기의 마지막 수업인 여기서는 피타고라스의 정리와 관련하여 몇 가지 종합적인 이야기를 하려고 합니다.

⑧ 피타고라스의 수 직각 삼각형
의 세 변의 길이가 될 수 있는
세 개의 정수

요즘은 여러분이 어떤 양수 a, b, c가 '$a^2 +$ $b^2 = c^2$'을 만족할 때 a, b, c를 가리켜 피타고라스의 수[8]Pythagorean triple라고 부르더군요. 이름을 잘 붙인 것 같다는 생각이 듭니다. 그런데 이와 같은 피타고라스의 수는 (3, 4, 5), (5, 12, 13)을 비롯하여 무한하게 만들 수 있습니다. 그래서 후세 수학자들은 피타고라스의 수를 체계적으로 손쉽게 찾아내는 방법에 대한 연구도 많이 한 것으로 알고 있습니다.

이러한 피타고라스의 수를 찾아내는 방법으로 잘 알려진 방법 중 하나를 소개하면 다음과 같습니다.

우선 $m > n$ 인 두 자연수 m, n을 정합니다.

그리고 $a = m^2 - n^2$, $b = 2mn$, $c = m^2 + n^2$으로 만들면

$(m^2 - n^2)^2 + (2mn)^2 = (m^2 + n^2)^2$이므로

무한한 피타고라스의 수를 만들 수 있게 됩니다.

이와 같이 피타고라스의 수를 찾아내거나 수의 규칙성 등을 알아내는 수학 분야를 정수론이라고 하는데 나의 '피타고라스

의 정리'가 후세 수학자들에게 수가 갖는 성질들에 대한 연구의
자극제가 되었다고 말하기도 합니다.

한 예로 17세기에 활동한 프랑스의 유명한 수학자 페르마
Pierre de Fermat, 1601~1665가 제시한 정리는 바로 피타고라스의 정
리로부터 파생된 것이라고 할 수 있습니다. 즉 피타고라스의 정
리는 세 정수를 제곱한 값들 사이에 나타나는 현상인데 후세 수
학자들은 '제곱이 아닌 세제곱, 네제곱 등의 경우엔 어떠할
까?'에 관심을 갖고 연구를 했습니다. 그중 페르마가 알아냈지
만 그에 대한 증명을 남기지 않아 후세 수학자들이 이를 증명하
기 위하여 300여 년간 매달렸던 소위 페르마의 마지막 정리를
소개하겠습니다.

중요 포인트

페르마의 마지막 정리

$n \geq 3$인 정수 n의 경우 '$a^n + b^n = c^n$'을 만족하는 양의
정수 a, b, c는 없다.

최근 이 '페르마의 마지막 정리'를 미국 프린스턴 대학의 교수인 앤드루 와일스라는 수학자가 1994년 컴퓨터의 도움을 받아 증명을 하긴 했지만 당초 페르마가 생각하고 있던 증명 방법은 컴퓨터의 도움이 없던 시대임을 감안해 볼 때 여전히 미해결된 문제로 볼 수 있습니다. 후세 수학자들이 '페르마의 마지막 정리'를 증명하기 위해 노력한 결과 정수론 분야에서 많은 발전이 이루어졌다고 합니다.

이제 다시 나 피타고라스가 살던 시대로 돌아가서 이 피타고라스의 정리를 실생활에서는 어떻게 사용하였는지 알아보기로 합시다. 여러분도 잘 아는 어마어마한 규모의 고대 이집트의 유명한 건축물인 피라미드를 건축하기 위해서는 직각을 정확하게 측정하는 작업이 절대적으로 필요합니다. 바로 이러한 경우에 다음의 그림에서 보여 주는 것과 같이 상당히 긴 밧줄을 이용하여 직각삼각형이 되는 세 변의 길이의 비를 피타고라스의 수 3:4:5를 이용하여 나타내고 이 밧줄을 팽팽하게 당겨서 대규모의 직각을 정확히 만들어 냈던 것입니다.

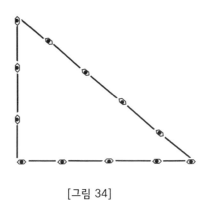

[그림 34]

이처럼 실생활에서 피타고라스의 정리를 활용하는 것에도 큰 의미를 부여할 수 있지만 그보다 더 의미 있는 것은 우리가 살고 있는 이 세상에 숨겨진 자연계의 영원 불멸의 진리를 우리 인류가 알게 되었다는 점이 아닐까 생각합니다.

🔵 열네번째
수업 정리

❶ 피타고라스의 수

직각삼각형의 세 변의 길이가 되는 세 개의 수를 피타고라스의 수라고 하며, 피타고라스의 수를 찾아내는 방법 중에 잘 알려진 방법은 다음과 같습니다.

우선 $m > n$인 두 자연수 m, n을 정합니다.

그리고, $a = m^2 - n^2$, $b = 2mn$, $c = m^2 + n^2$으로 만들면,

$(m^2 - n^2)^2 + (2mn)^2 = (m^2 + n^2)^2$이므로

이 방법으로 무한한 피타고라스의 수를 만들 수 있게 됩니다.

❷ 페르마의 마지막 정리

피타고라스의 정리에 대한 연구로부터 수론의 새로운 연구가 이루어졌는데 대표적인 것이 이른바 페르마의 마지막 정리입니다.

이를 식으로 나타내면 다음과 같습니다.

'$n \geq 3$인 정수 n의 경우, '$a^n + b^n = c^n$'을 만족시키는 양의 정수 a, b, c는 없다'

최근 이 '페르마의 마지막 정리'를 미국 프린스턴 대학의 교수인 앤드루 와일스라는 수학자가 1994년 컴퓨터의 도움을 받아 증명하였습니다.